上海世博立体绿化

王仙民 主编

华中科技大学出版社

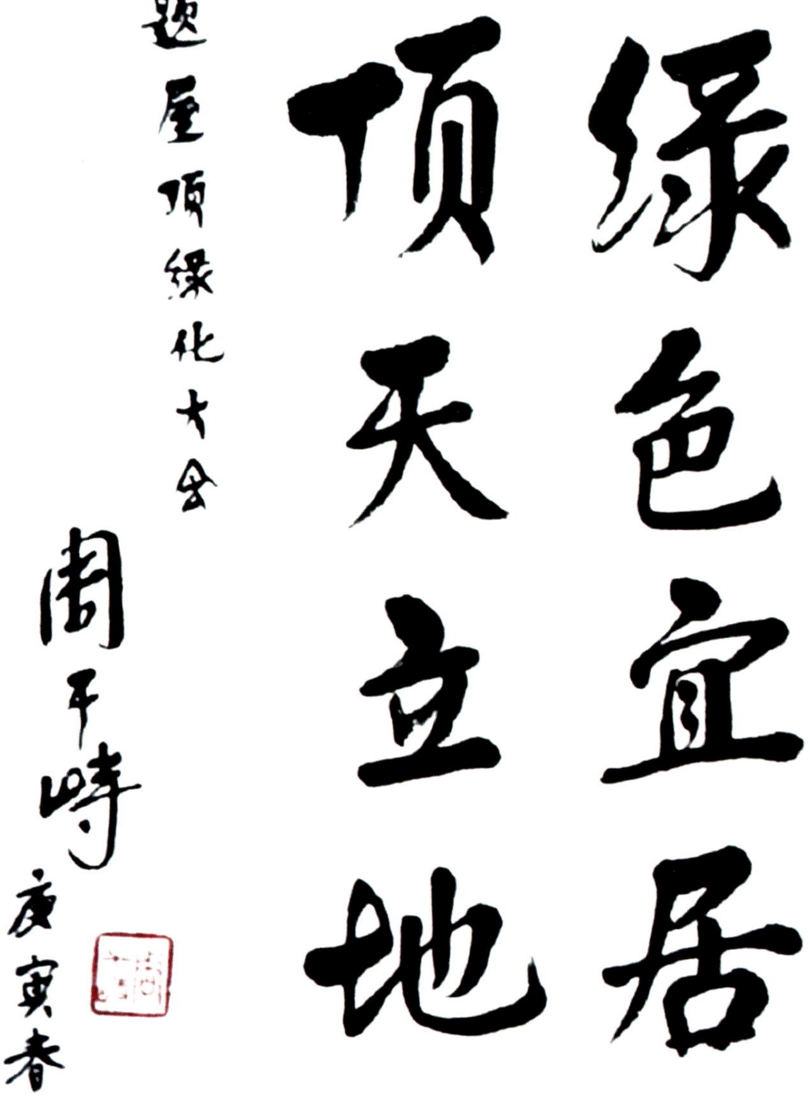

绿色宜居
顶天立地

题屋顶绿化大会
周干峙
庚寅春

周干峙
两院院士
原建设部副部长
世界屋顶绿化协会名誉主席

屋顶绿化，环境优雅。
低碳生态，宜居室家。

二〇一〇年初夏

祝贺 上海世博
世界屋顶绿化大会圆满成功

羅哲文

罗哲文 教授
著名文物、古建专家
住建部风景园林专家顾问
世界屋顶绿化协会名誉主席

引 言

今天，上海世博会圆满闭幕了，这是中国继北京奥运会后的又一次盛举。

上海世博会是自 1851 年第一届世博会以来，历经 159 年首次以城市为主题的世博会。

现在全球人口一半以上居住在城市里，城市如何使生活更美好，如何诊治城市的现代病，例如人口密集、交通拥堵、环境污染、热岛效应、耗能大户等是人类关注的热点。

上海世博会集中世界各国的智慧，研究未来城市和谐发展、生态、节能、宜居的大课题，在 200 多个场馆中 85% 都进行了建筑特殊空间绿化，即屋顶绿化、墙体绿化、室内绿化……经过世界各国多年的研究与实践，证明了建筑绿化属碳汇绿化，是城市建设节能、低碳、生态的好办法，是花钱少、见效快、效果好，受欢迎的未来城市建设的发展之路，符合资源节约型、环境友好型城市建设的发展方向。

上海世博会同时又是一个世界特殊空间绿化的超大博览会，是一个提高绿色文明意识的大课堂，无论男女老少，在进入世博园的瞬间就会被感染尔后理解、接受、热爱这种特殊空间的绿色文明。

我希望用我的笔与著名摄影家官天一先生高超的摄影艺术相结合，把这一伟大的历史事件记录下来，于是有了这本书的雏形。又在众多朋友的大力帮助下，完成了本书的编写。我们把它献给世博园广大的设计师、工程师及所有的劳动者，献给热爱环保的各界人士。

王仙民

2010 年 10 月 31 日

Preface

Today, Shanghai World Expo, which is another grand event for Chinese people after Beijing Olympic Games, is successfully over.

The World Exposition has had a history of 159 years since its birth in 1851. It is the first time that Shanghai World Expo has the theme of the City since 1851.

Until now, more than half of the world's population lives in the cities. Shanghai World Expo, whose theme is "the City", concentrates the world's wisdom in order to study how to make future cities make life better and how to resolve the modern city diseases such as dense population, Traffic congestion, environmental pollution, heat island effects, and energy consumer. Shanghai World Expo becomes the turning point of the urban construction, because it launches the new city buildings mode of energy-saving, low carbon and ecological living. More than 85% of the 289 pavilions aim to achieve the energy saving environmental protection indicators by constructing the vertical planting such as green roof, living wall, and indoor green. In a word, building greening is recognized by the world as the indispensable energy saving and low carbon measure. In addition to the low cost, its effectiveness is rapid and good. And thus it is the popular development rod of the future city construction, and is consistent with the resource-saving environment friendly city construction.

Shanghai World Expo can be regarded as a super World Expo with the special green space, as well as a class with the aim to improve green civilization awareness. No matter who you are, you will understand, accept and love the green civilization in the special space after entering the Shanghai World Expo Park.

The great moments in history are recorded with my article and famous photographer Guan Tianyi's superb photography. With great help of many friends, I finish the book. This book is dedicated to designers, engineers and workers in Shanghai World Expo, the environment- friendly people of all walks of life.

Wang Xianmin

September 31, 2010

contents
目 录

屋顶花园实景

1 屋顶花园

屋顶花园

建筑绿化属碳汇建筑，与当代流行的低碳建筑、零碳建筑都是最受宠的节能方法。建筑绿化在我国被称为立体绿化或屋顶绿化，其实屋顶绿化是德国人的提法，日本人称其为建筑第五面种植，韩国人称其为人工地盘上的绿化，美国人称其为纯生态绿化。尽管各国的称谓各异，但是屋顶绿化泛指一切脱离了地气的绿化，这是得到一致认同的。

屋顶绿化的主要形式大体分为屋顶花园、屋顶草坪、屋顶菜园、屋顶果园等形态。屋顶绿化除具备地面园林的一切功能外，还有许多独特的优点：

1. 降低屋面表层温度，夏季可降至 20~40℃，有利于降低城市的热岛效应。室内温度可下降 4~7℃，使空调用电量节省 50%~70% 。

2. 吸纳可吸入颗粒物。城市里的汽车尾气产生的化学污染——可吸入颗粒物飘浮在 10~100 m 高度的空间，当降落在裸露的屋面上，经风吹又会再次扬尘，屋顶花园的植物、土壤、水面都能有效的吸纳、降解可吸入颗粒物。

3. 屋顶花园由于没有任何车辆的驶入，为养老院、幼儿园、医院提供了最安全的绿色空间。

4. 可以美化城市的高空景观，这对现代高楼林立的城市尤为重要。

5. 能够滞留雨水、滤水，减轻了城市排水系统压力，提高了抗灾能力。

6. 屋顶花园的雨水收集利用系统，将雨水用于浇灌、洗车、冲厕，解决了人与植物争自来水的问题。

7. 由于没有土地成本，是城市中心区最廉价的绿化方式。

屋顶花园是屋顶绿化最古老的形式，被公认的世界七大奇迹之一的古巴比伦“空中花园”，始建于公元前 7 世纪，雄伟壮观，奢华无比。时至今日“空中花园”仍然是屋顶绿化的顶级产品，它除了具备屋顶绿化的一切生态功能外，还为人们提供了一个休闲娱乐的多元化绿色空间。

■屋顶花园实景

历史上的“空中花园”都不长命，主要是当时的建筑材料不够先进、建筑技法不够科学造成的。建造屋顶花园最核心的技术条件是：

1. 足够的安全荷载。现在建筑多选用钢筋混凝土结构和钢结构，设计时根据屋顶花园需要的荷载，即静荷载加活荷载的需求，设计出荷载足够的建筑物。园林中常用的亭、台、架、桥、石都可以在屋顶表现，共同的要求是重量轻，一般用玻璃钢、防腐木等材料使小品轻量化，这些都是荷载安全的要求。

2. 品质优异的阻根防水。防水材料在日新月异的发展，屋顶花园的专用防水材料，即阻根防水材料，防水同时具备阻止植物根系扎穿防水层的性能。屋顶花园最常见的问题就是屋面漏水，严重的甚至不得不拆除整座花园。

3. 排水畅通。排水是屋面建筑安全的要素，是植物生长的关键条件之一，传统的办法是用卵石做排水层，这种方法施工笨重，增大了屋顶的荷载负担。现在都采用塑料排水板，重量轻、寿命长、效果好。

4. 人工营养土配比科学、重量轻。屋顶花园的土壤应充分考虑环保和重量轻的两个原则要求，使用高温消毒的城市垃圾肥土壤或高温炼出的珍珠岩人造土，既满足了环保和重量轻的原则，又能使植物生长良好。而一般不用田园土，这种土重量大、病菌多，又破坏了大自然的生态环境。

5. 选择本土化植物，同时屋顶对植物要求苛刻，主要使用抗性强、管理粗放、生长缓慢的乡土植物品种。禁用速生植物如杨树、柳树等，这些乔木生长过快，使屋顶荷载迅速加大，且抗风能力差、易折不安全。

上海世博园许多场馆为了达到节能、低碳的指标，建造了“空中花园”，这是屋顶绿化发展史上一个新的里程碑，这些场馆运用了世界最时尚的设计理念、最先进的科学技术、最深厚的文化内涵建造的精美的“空中花园”为上海世博会赢得了观众的好评。本书将选择最有代表性的“空中花园”与读者分享。

1.1 中国馆屋顶花园

中国馆位于世博园的中央，它的设计理念为“东方之冠、鼎盛中华、天下粮仓、富庶百姓”，表达中国文化的精神与气质。展馆共分为三层，展示总面积达 15,000 m^2，它简洁的外形，鲜明的“中国红”，具有很强的震撼力。在展馆内中国传统城市营建的智慧被展现得淋漓尽致，木结构建筑、拱桥、庭院、园林、斗拱、砖瓦等都是观赏的亮点。此外，中国馆还是一幢“绿色建筑”，代表着21世纪的建筑新思潮——节能、环保、绿色、和谐。中国馆的外墙可以将太阳能转化为电能；地区馆的外廊为半室外玻璃廊及其自遮阳体系，用被动式节能技术为地区馆提供冬季保暖和夏季拔风，另外地区馆“新九州清晏”屋顶花园运用生态农业景观等技术措施有效实现隔热。屋顶花园在建筑表皮技术层面，充分考虑环境能源新技术应用的可能性，景观设计还加入了小规模人工湿地，可实现循环自洁，成为生态景观。

“新九州清晏”，在世博会期间主要用于密集人流的休憩与疏散，“新九州清晏”之中，不但浓缩着中国园林和现代造景技术，更蕴藏着中华智慧和东方神韵。

中国馆总设计师：中国工程院院士　何镜堂

中国馆屋顶花园设计师：清华大学建筑学院 / 清华大学建筑设计研究院 张利

中国馆屋顶花园施工公司：上海春沁园林工程建设有限公司

中国馆屋顶花园项目总协调：苏寿梁

1.1.1 项目概况及解读

中国 2010 年上海世博会中国馆之地区馆“新九州清晏”分项总包工程方案优化说明如下。

1. 方案解读

世博会中国馆之地区馆屋顶花园总面积约 27,000 m^2，主要功能为休闲、集散用地，作为主体国家馆的重要景观衬托，景观立意“新九州清晏”，取北方皇家园林圆明园中九州景区之形制：以碧水环绕的九个岛屿象征浩瀚中华之广袤疆土，寓意“九州大地，河清海晏，天下升平，江山永固”。

2. 优化原则

(1) 体现世博园区“科技、人文、生态”的整体规划原则。

(2) 在尊重原设计、不改变原设计风格基础上进行整体性考虑，局部、细节性优化。

(3) 世博会前，合理安排施工工序，优化施工方案，保证世博景观工程按时、保质、保量完成。

(4) 世博会中，从世博会期间景观效果出发，优化

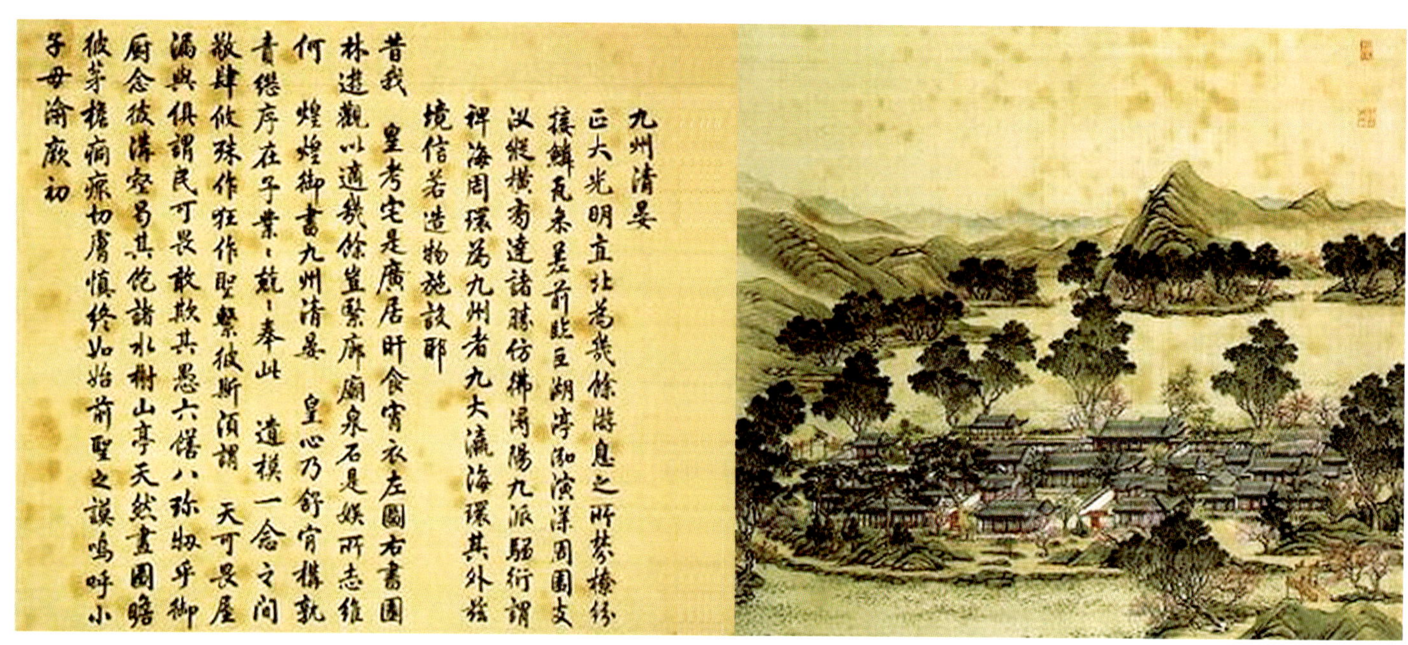

圆明园“九州清晏”

■ 中国馆屋顶花园总平面图

植栽品种、密度、规格，保证世博会期间景观效果最大化。

(5) 世博会后，从场馆养护管理角度出发，对部分植栽品种进行优化替换，降低会后长期的养护成本。

三、土建优化

I. 地形优化设计

在分析原方案竖向标高后，发现原方案八个岛除“漠”17.6 m、“林”17.1 m、“田”17.1 m 外，其余五岛标高都为 16.6 m，在狭小的屋顶空间内，由于岛与岛间距过近，致使地形整体起伏变化较小。建议将“甸”16.6 m 降为 16.1 m，“林”17.1 m 降为 16.6 m，“脊”由 16.6 m 抬升为 17.1 m，“泽”由 16.6 m 降为 16.1 m，使整体地形起伏更明显，达到地形大格局主体突出、山水骨架变化有致、气韵生动的目的，立面走势暗合我国大陆架西高东低之格局。

2. 道路优化设计

(1) 动线：中国馆主体建筑与地方馆的屋顶花园有两个主要连接出入口，在原设计方案中道路系统只有一处与中国馆直接相连，考虑道路的连贯性、人流的紧急疏散性，优化后把两处出入口与屋顶景观道路直接相连。

(2) 道路宽度：本景观为公共场所，作为主要观览流线最少允许两人自由通行，根据人体工程学要求两人行走路面宽度在 1.2 m 比较舒适，原有道路为 l m，不适合两人通行，优化为 1.2 m 宽的道路。

3. 环绕观览道路与栏杆之间的优化

原设计：环绕观览道路与栏杆之间都是用卵石干

铺，考虑环绕观览路线也是非常重要的景观路线，纯粹干铺卵石面积比较大显得太单调，也影响整个景观营造效果。

优化后：结合原有卵石，在景观节点和道路拐角处合理布置花境景观，这使得道路内外景观有良好的连续性，自然的过渡到屋顶花园边缘处。

4. 标示牌设计

在地方馆屋顶花园入口广场上设置刻有屋顶花园地图的泰山石作为指示铭牌，在各个岛内部也设置一些导向型指示牌，材质同样采用泰山石。在这里取泰山“五岳之首”的寓意，以彰显中华民族历史文化博大精深、傲视四海的气魄。

5. 风机口雕塑优化

建筑屋顶有 36 个风机口，为了很好地与建筑、景观相融合，原方案设计师以红色雕塑加以包装美化。经对图纸的细心解读，发现个别风机口的构架与周边环境和空间存在一些矛盾，为了更好地协调，对五处风机口的构架做了细微的调整。

6. 服务性建筑优化

屋顶花园八个岛中设计了四个服务性建筑，三个地上，一个地下。地上建筑以红色作为主体框架，造型简约，根据景观性质、地域特征、资源分布特点将这些建筑室内装饰定位为三大功能区包括主题咖啡吧、主题餐厅及休闲音乐餐厅。室内设计结合建筑语言及周边环境，设计手法定位于目前颇为流行的混搭风格，在设计中运用传统美学法则，利用现代的设计手法，融合现代材料与结构的室内造型，加入多元文化，运用温馨的色调，展示出奢华的贵族气息创造出一个优雅的休闲场所。

四、绿化种植优化

1. 在对原方案植栽图纸分析后，整体绿化存在的问题

(1) 岛与岛之间绿化联系性不强，除外围竹类植物做背景外，无其他关联性。建议在中景层增加相似或相同树种，沿前景的水系当中栽植荷花、碗莲等水生植物统一岸线，增加绿化整体统一性。

(2) 立面色彩缺乏节奏性变化。5~10 月份世博会期间，自左至右各岛特色植物依次为“漠”——紫薇（开花）、“壑”——黑松（绿色）、“甸”——红枫 + 菊科地被（红、黄）、“林”——红枫 + 银杏（红、黄）、“脊”——白皮松 + 梅花（绿色）、“渔”——水杉 + 池杉（绿色）、“泽”——柳树 + 花桃（绿色）、“田”——柿树（绿色）。整体的色彩变化为“色—绿—色—色—绿—绿—绿—绿”，显然“甸”与“林”颜色过于丰富，而后面的四个岛色彩又过于单调，建议将“甸”的红枫移植到“渔”，在“田”内增加观花观果的果石榴以改变这

种单调的节奏。

(3) 个别岛屿植物与主题理念不够贴切，主要是“渔”“泽”两岛。“渔”，捕鱼也——《说文》；“泽”，川壅为“泽”——《左传·宣公十二年》。习惯上我们会将“渔”与江南鱼米之乡联系起来，而“泽”则常为湿地的代名词，因此桃红柳绿应为“渔”的环境写照，而耐水湿的水杉、池杉则多出现于湿地之中，因此建议将“泽”与“渔”两岛的主题植物互换，以反映我们现实生活中较为熟悉的环境场景。

(4) 个别岛屿乔、灌、草层次搭配不合理。原方案表现草场芳甸感觉的“甸”部分，上层乔木选用了色彩绚烂的红枫，过于抢镜，建议上层调整为常绿造型孤景树。

2. 各岛的具体优化

(1)“**田**”

原方案：柿树、枣树 + 慈孝竹 + 牡丹 (棉花)

优化后：果石榴、香泡 + 慈孝竹 + 白穗狼尾草、紫豫谷、矢羽芒

原因：香泡 8–10 月挂果，果石榴 5–6 月开花，9–10 月结果，在中国的传统文化中代表了多子多福的美好祝愿，且观赏性更强。“田”间种植形似水稻的紫豫谷及白穗狼尾草、矢羽芒，充分体现“田”林野趣的乡村景观。同时考虑牡丹、芍药为半阴植物，优化至“脊”和“渔”的林下种植，更有利于其生长。

(2)“**泽**”

原方案：垂柳 + 花桃 + 紫竹 + 荷花

优化后：水松、东方杉、水杉、池杉 + 碗莲、水生植物

原因：为了更接近主题“泽”的理念，将“泽”与“渔”的植物品种进行对换，采用水杉与池杉的混种作为背景，东方杉和水松作为主景和前景树，岸线及水景中增加梭鱼草、花叶水葱、再立花、花叶美人蕉、碗莲等水生植物，达到软化岸线、增添野趣，更好地体现湿地景观。

(3)“**渔**”

原方案：水松、东方杉、水杉、池杉 + 水生植物

优化后：金丝柳、香樟、红枫 + 竹类植物、丛生紫薇 + 碗莲、水生植物

原因：为了更能表达“渔”的理念，将“泽”中的植物品种移至此处，表达鱼米之乡桃红柳绿的生活场景。由于桃花 4 月开花，在世博会开始前已经凋谢，因此将部分桃花优化为世博会期间开花的紫薇，其形态选择丛生，充分保证株形景观，达到亮化“渔”景观的效果。垂柳优化为无花的金丝柳，创造生态人居环境，同时在西侧主通道与岛上建筑间点植孤景香樟作为人流视线的对景。考虑原方案岛内水系较浅，无

中国馆屋顶花园实景图

法种植深水植物，因此局部抬高水面，加植荷花，与池中船形木质铺装融合为一体，形成莲叶荷田似的江南水乡风光。

(4) **“脊”**

原方案：白皮松、梅花、常春玉兰 + 刚竹 + 铺地柏、菊科植物

优化后：白皮松、花梅、常春二乔玉兰 + 竹类植物 + 铺地柏、牡丹

原因：“脊”体现了一种气节，“脊”的标高也应该是园内较高的，因此将标高从 16.6 m 抬升到 17.1 m。同时由于牡丹、芍药都是喜干的植物，种植在高坡上更有利于其生长，因此建议移到此处；梅花优化为白、红、绿色混种的花梅，同时增加种植密度，达到片植的群落景观效果。

(5) **“林”**

原方案：珙桐、红枫、银杏、早春玉兰 + 桂花 + 灌木花境

优化后：珙桐、红枫、银杏、白玉兰 + 金桂 + 灌木花境

原因：金桂为中国传统八月桂花飘香的植物品种，是桂花种类中较好的品种；白玉兰为上海市花，在这里点植更能体现上海特色。

(6) **“甸”**

原方案：红枫、早春玉兰 + 哺鸡竹类 + 菊科花境

优化后：香樟、白玉兰 + 哺鸡竹类 + 菊科混种花境

原因：多种菊科植物混种可以延长花期，使世博会期间都能有花可赏。考虑下层菊花与上层红枫色彩效果过于强烈，为突出下层花境，建议红枫优化为常绿造型孤景乔木香樟，以充分体现“甸”的主题。

(7) **“壑”**

原方案：黑松 + 竹类植物 + 杜鹃

优化后：金钱松 + 竹类植物 + 春鹃、夏鹃

原因：金钱松为我国特有的二级保护树种，其形态优于黑松，春鹃、夏鹃的混植以延长花期，增加世博会期间的观花效果。

(8) **“漠”**

■ 中国馆屋顶花园鸟瞰效果图

中国馆屋顶花园实景图

原方案：紫薇桩、胡杨 + 桂香柳 + 景天科植物

优化后：大紫薇桩、胡杨 + 柽柳 + 景天科植物

原因：受地理位置、土壤、气候影响，建议将桂香柳优化为在上海成功引种的形态相似的荒漠植物柽柳；将原设计中紫薇桩的地径 10~12 cm 增大为 18~20 cm，以充分体现苍劲有力的树干，和胡杨、柽柳共同表现戈壁沙漠植物的顽强。

五．水电系统优化

1. 水系统优化设计

(1) 增设水雾效果系统。为了在方寸之地淋漓尽致表现出“新九州清晏”的宏大景观意境，我们结合主题在“泽”“田”两洲上添加自然的水雾效果，为东面主入口视角营造出犹如梦幻般的画境；同时通过水雾营造，将此处大面积水面过浅易看到池底的缺点遮掩掉；并且水雾可减少空气中的灰尘及悬浮物。

(2) 水系标高、给水优化设计。原设计方案水系标高为四层，仅在最高层水系和最低层水系设置出口。水从最高层水系向下流，供水量较小仅为 70 m^3/h，水系通道曲折复杂，水流很难均匀流通至水系各处，很容易形成死水区。水在第四层水系经溢流口进入虹吸雨水沟排放，但由于未设置集水坑，局部水流无法彻底排空。

优化措施为其一，将水系分为四个层次，在一、二层合理布置出水口，避免形成死水区，水流沿地势流动，形成坡地溪流形式；其二，在外侧第四层水系驳岸上安装溢水口，将水系水收集回流至虹吸排水主沟，控制水面标高，降雨时亦满足雨水排放量，并在此层水系池底做排水阀坑，在水系放水排空时使用。

(3) 水系形状优化设计。原有设计最外围水域木栈道内侧宽度大小基本一样，这使水面和周边岛屿的衔接显得很不自然，也使得内、外景观不具有良好渗透和延续性。

优化措施为把内水域与最外围水域衔接处和最外围的部分位置水面拓宽，形成开合有致的自然理水形态，这也为环绕观览道路营造出有节奏变化的滨水景观。

(4) 喷灌系统优化设计。原方案浇灌系统在设计上，存在洒水栓分布点较少、覆盖面较小，且有一些浇灌死角等问题，不能达到有效的灌溉效果。经过科学的计算以及对整个系统分析的基础上，在整个区域采用中央控制系统方式，分 12 组进行轮灌，采用不同半径的喷头，根据不同地形调节半径及角度，覆盖各个不同的面，既达到节水节能，又满足充分灌溉的目的，从而营造出优美的景观环境。

2. 灯光照明系统优化设计

原方案在灯光布置上只考虑了功能性照明和普通的景观照明，不能较好体现八大岛上植物景观的特点和周边环境的特点，更不能体现夜景中整个中国馆建筑下屋顶花园的亮丽灯景。

优化措施为灯光布置在整体照度不影响中国馆建筑照明的前提下进行设计，具体分为三个层次进行设计。首先最外围环绕木栈道考虑布置内向照射型步道照明，沿外围背景植物层设置照度不高的灌木、小乔木投射灯营造背景氛围，同时对地方馆周边不会产生大的光照。其次各岛上布置特色树种射树灯、草坪灯、步道灯，其中“甸”“林”处为突出花境与色叶树种，灯光色调采用暖色；而在“泽”“渔”处则考虑到水景、水雾效果设置冷色系灯光，这样整体灯光效果就产生了冷暖节奏变化，丰富了夜景灯光效果。第三，在靠近中国馆建筑侧的水系和广场上，主要利用建筑灯光照明，及采用水系边缘设置警示灯带等手段。

在综合应用各类照明手法的同时，注重主次结合，突出亮点，同时有含蓄的表达，不把兴奋点始终维持在一个水平上，在与整个景观环境格调的完美融合中，自然流露出戏剧化效果。尽量采用隐蔽式的灯具，避免破坏整体景观的原有风格，达到见光不见灯的效果。

六. 先进技术

世博会是以展现人类在社会、经济、文化和科技领域取得成就的国际性盛会。在技术上中国馆屋顶花

园采用了环保节能的无土草坪、轻型绿化无机介质技术和防倒伏技术等措施，都是国际上比较先进的。

绿色环保型无土草坪是目前国内外先进的栽培技术和理念，是具有前瞻性的环保科技产品。它具有抗病虫害、无杂草、绿期长、景观好、节能环保、不破坏国土资源的优点。

轻质轻型屋顶绿化适宜于对承重条件要求苛刻以及对栽培基质重量有着严格的要求的建筑物屋顶。自然土壤容重一般都在 1.0 g/cm^3 以上，不宜用于轻型屋顶绿化，适合于轻型屋顶绿化的栽培基质风干和饱和水状态下容重分别在 0.5 g/cm^3、0.8 g/cm^3 左右，具有薄层、稳定和环保等优势。

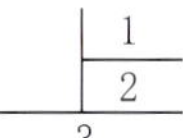

1~3 苗木实景拍摄

绿化种植苗木优化前后对比表

编号	原设计植物名称	数量 株	数量 面积 (m^2)	胸径 (cm)	高度 (cm)	蓬径 (cm)	地径 (cm)	备注	编号	优化后植物名称	数量 株	数量 面积 (m^2)	胸径 (cm)	高度 (cm)	蓬径 (cm)	地径 (cm)	备注	优化内容
1	白皮松	5		15.1~16.0					1	白皮松	5		15.1~16.0				全冠，姿佳	树形优化
2	紫薇桩	10					10.1~12.0	老桩，姿态优美	2	紫薇桩	13					18.1~20.0	老桩，姿态优美	规格增大
3	常春玉兰	3		15.1~16.0					3	常春二乔玉兰	7		15.1~16.0				全冠，形好	品种优化
4	垂柳	3		15.1~16.0					4	金丝柳	3		15.1~16.0				全冠，形好	品种优化
5	桂花	3				301 以上			5	金桂	7			321 以上	301 以上		全冠，形好	品种优化
6	桂香柳	94			201 以上				6	柽柳	94			201 以上	181 以上		姿佳	品种优化
7	红枫	18					15.1~16.0		7	红枫	18					15.1~16.0	姿佳	树形优化
8	胡杨	11		15.1~16.0					8	胡杨	11		15.1~16.0				全冠，形好	树形优化
9	黑松	10					15.1~16.0		9	金钱松	8		15.1~16.0				全冠，形好	品种优化
10	梅花	15					15.1~16.0		10	花梅	21					15.1~16.0	全冠，形好	品种优化
11	柿树	21		12.1~15.0					11	香泡	6		12.1~15.0				全冠，形好	品种优化
12	银杏	21		15.1~16.0				全冠种植，做庭荫树，保留 5 级以上分枝，直生苗	12	银杏	21		15.1~16.0				全冠种植，做庭荫树，保留 5 级以上分枝，直生苗	
13	早春玉兰	10		12.1~15.0					13	白玉兰	10		12.1~15.0				全冠，形好	品种优化
14	枣树	3		12.1~15.0				姿佳，饱满，果树品种	14	果石榴	24			221~250	201 以上		姿佳，饱满，果树品种	品种优化
15	花桃	9					15.1~16.0		15	丛生紫薇	19			201 以上			分枝 6 以上，红花	品种优化
16	东方杉	14		10.1~12.0				中山杉	16	东方杉	10		10.1~12.0				全冠，形好	树形优化
17	水松	5		15.1~16.0					17	水松	5		15.1~16.0				全冠，形好	树形优化
18	珙桐	3		10.1~12.0					18	珙桐	3		10.1~12.0				全冠，形好	树形优化
19	水杉池杉混植	82		8.1~10.0				两品种各占 1/2，树干挺拔	19	水杉池杉混植	56		8.1~10.0				两品种各占 1/2，树干挺拔	
20	哺鸡竹		171	5.1~6.0				3~4 株 /m²	20	哺鸡竹		257	5.1~6.0				3~4 株 /m²，种植间距 60cm	
21	刚竹		239	3.1~4.0				3~4 株 /m²	21	刚竹		239	3.1~4.0				3~4 株 /m²，种植间距 50cm	
22	慈孝竹		367					2.5m²/ 丛	22	慈孝竹		374					2.5m²/ 丛，10 枝以上 / 丛	
23	毛竹		142	5.1~6.0				3~4 株 /m²	23	毛竹		142	5.1~6.0				3~4 株 /m²，种植间距 60cm	
24	早园竹		75	2.1~3.0				3~4 株 /m²	24	早园竹		75	2.1~3.0				5~6 株 /m²，种植间距 40cm	种植密度优化
25	紫竹		53	2.1~3.0				3~4 株 /m²	25	紫竹		60	2.1~3.0				5~6 株 /m²，种植间距 40cm	种植密度优化
26									26	香樟	8		15.1~16.0				全冠，形好	新增品种
27	迎春等垂枝灌木		20					9 株 /m²	27	云南黄馨		22		41~50	31 以上		16 株 /m²	品种深化
28	常绿灌木花境		37					25 株 /m²	28	金叶女贞		98		41~50	31 以上		16 株 /m²	品种深化
									29	厚叶石斑木		36		41~50	31 以上		16 株 /m²	品种深化
29	常绿花灌木		113					25 株 /m²	30	六月雪		85		31~40	25 以上		25 株 /m²	品种深化
30	茶梅、美人茶等常绿灌木		224					25 株 /m²	31	茶梅		191		31~40	25 以上		25 株 /m²	品种深化
31	杜鹃等常绿花灌木		122					25 株 /m²	32	春、夏鹃混植		115		31~40	25 以上		25 株 /m²	品种深化
									33	春鹃		14		31~40	25 以上		25 株 /m²	品种深化
									34	夏鹃		92		31~40	25 以上		25 株 /m²	品种深化
32	南天竹等色叶观花灌木		40					25 株 /m²	35	花叶香桃木		175		41~50	31 以上		16 株 /m²	品种深化
33	木本花境		337					25 株 /m²	36	金焰绣线菊		36		31~40	21 以上		25 株 /m²	品种深化
									37	红王子锦带花		43		41~50	31 以上		12 株 /m²	品种深化
									38	月季		36		41~50	31 以上		16 株 /m²	品种深化
34	品种竹		148					25 株 /m²	39	箬竹		150		41~50	31 以上		16 株 /m²	品种深化
35	箬竹		36					25 株 /m²										
36	品种火棘		18					25 株 /m²	40	小丑火棘		18		31~40	21 以上		25 株 /m²	品种深化
37	铺地柏		113					(铺地)25 株 /m²	41	铺地柏		114		41~50	31 以上		16 株 /m²	数量增加
38	仙人掌花境		35					25 株 /m²	42	仙人掌与景天混植		43					36 株 /m²	品种深化
39	景天科花境		84					25 株 /m²	43	佛甲草		101					36 株 /m²	品种深化
									44	八宝景天“精彩”		49					36 株 /m²	品种深化
									45	红衣景天		35					36 株 /m²	品种深化

（续）

编号	原设计植物名称	数量 株	数量 面积 (m^2)	胸径 (cm)	高度 (cm)	蓬径 (cm)	地径 (cm)	备 注	编号	原设计植物名称	数量 株	数量 面积 (m^2)	胸径 (cm)	高度 (cm)	蓬径 (cm)	地径 (cm)	备 注	优化内容
40	垂盆草系列		122					25 株 /m^2	46	金叶景天		39					36 株 /m^2	品种深化
									47	凹叶景天		29					36 株 /m^2	品种深化
									48	海星景天		45					36 株 /m^2	品种深化
41	宿根、球根花境		290					25 株 /m^2	49	紫叶美人蕉		40					36 株 /m^2	品种深化
									50	花叶美人蕉		22					36 株 /m^2	品种深化
									51	百子莲		82					36 株 /m^2	品种深化
42	湿生花卉花境		56					25 株 /m^2	52	黄菖蒲		100					36 株 /m^2	品种深化
									53	花叶水葱		27					49 丛 /m^2	品种深化
									54	再立花		68					36 株 /m^2	品种深化
									55	千屈菜		132					36 株 /m^2	品种深化
									56	水葱		16					49 丛 /m^2	品种深化
									57	梭鱼草		31					36 丛 /m^2	品种深化
43	品种菊等系列花境		292					25 株 /m^2	58	亚菊		93					36 株 /m^2	品种深化
									59	羽叶雪叶菊		128					36 株 /m^2	品种深化
									60	粉花松果菊		15					36 株 /m^2	品种深化
44	草花品种菊、牡丹更替种植		966					25 株 /m^2	61	紫姑娘荷兰菊		247					36 株 /m^2	品种深化
									62	黄金菊		48					36 株 /m^2	品种深化
									63	宿根天人菊		56					36 株 /m^2	品种深化
									64	梳黄菊		129					36 株 /m^2	品种深化
									65	美国之梦金鸡菊		293					36 株 /m^2	品种深化
									66	松果菊		43					36 株 /m^2	品种深化
									67	雪之吻荷兰菊		20					36 株 /m^2	品种深化
45	观赏草花境		337					25 株 /m^2	68	细叶狼尾草		46					25 丛 /m^2	品种深化
									69	花叶蒲苇		41					4 株 /m^2	品种深化
									70	斑叶芒		11					36 株 /m^2	品种深化
									71	蒲苇		24					4 株 /m^2	品种深化
									72	小兔子狼尾草		13					36 株 /m^2	品种深化
									73	粉沙知风草		25					36 株 /m^2	品种深化
									74	羽绒狼尾草		81					36 株 /m^2	品种深化
									75	墨西哥羽毛草		119					36 株 /m^2	品种深化
									76	棕红苔草		40					36 株 /m^2	品种深化
46	花叶芦竹		35					25 株 /m^2	77	花叶芦竹		86					36 株 /m^2	数量增加
47	各类花草		61					25 株 /m^2	78	美丽月见草		20					36 株 /m^2	品种深化
									79	沃克荆芥		36					36 株 /m^2	品种深化
									80	六巨山荆芥		11					36 株 /m^2	品种深化
									81	地被石竹		28					36 株 /m^2	品种深化
									82	金叶菖蒲		66					49 株 /m^2	品种深化
									83	玫红筋骨草		146					36 株 /m^2	品种深化
48	蔓性地被		246					25 株 /m^2	84	花叶蔓长春		156					36 株 /m^2	品种深化
49	耐阴地被		1207					25 株 /m^2	85	大吴风草		14					36 株 /m^2	品种深化
									86	麦冬		94					20 kg/m^2	品种深化
									87	金边阔叶麦冬		570					20 kg/m^2	品种深化
50	品种萱草		30					25 株 /m^2	88	红花萱草		60					36 株 /m^2	品种深化
									89	金娃娃萱草		68					36 株 /m^2	品种深化
51	荷包牡丹		15					25 株 /m^2	90	荷包牡丹		86		41~50	41 以上		12 株 /m^2	品种深化
									91	芍药		250		41~50	41 以上		12 株 /m^2	品种深化
52	牡丹、棉花更替种植		122					25 株 /m^2	92	紫豫谷		89					满种	品种优化
53	芍药、棉花更替种植		47					25 株 /m^2	93	白穗狼尾草		160					25 株 /m^2	品种优化
									94	矢羽芒		37					4 株 /m^2	品种优化
54	荷花		20					缸径 500 mm	95	娇容碗莲		461					36 芽 /m^2	品种优化
									96	白雪公主碗莲		15					36 芽 /m^2	品种优化
									97	醉杯碗莲		23					36 芽 /m^2	品种优化
									98	娃娃碗莲		9					36 芽 /m^2	品种优化
55	常绿草坪		650					满铺	99	果岭草草坪		11470	矮生百慕大，秋季追播黑麦草				300×300 分块，满铺	品种深化
56	果岭草		10515					满铺										
									100	沙石		26					满铺	新增设计

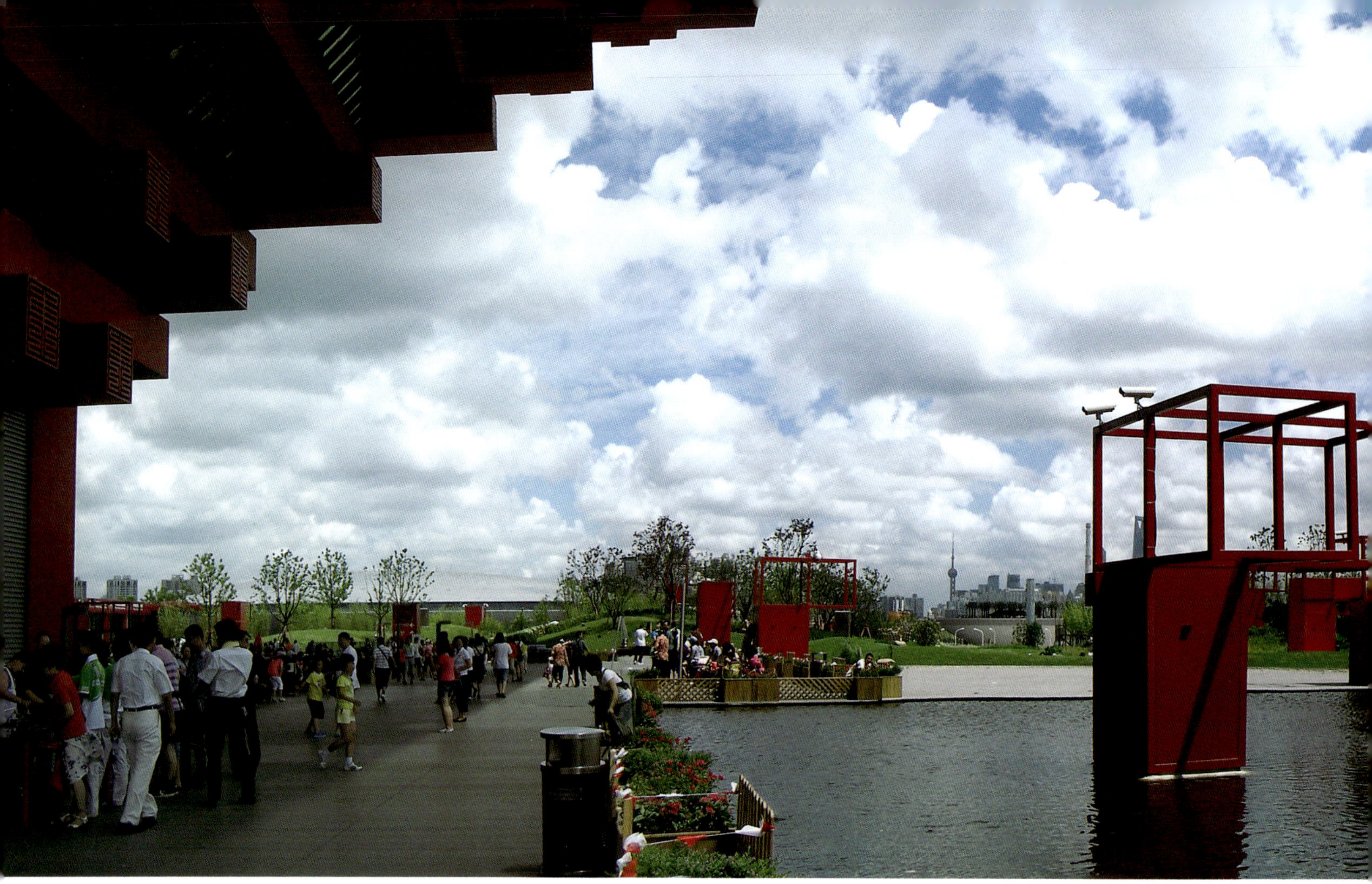

1.1.2 土建优化

原方案：八个岛除“漠”17.6 m、“林”17.1 m外，其余六岛标高均为16.6 m，起伏变化较小。

优化方案：在原地形基础上，将“甸”16.6 m改为16.1 m、“林”17.1 m改为16.6 m，标高降低，“脊”16.6 m改为17.1 m，地形抬升，使整体地形起伏较为明显，立面走势暗合我国大陆架西高东低的地形走势。

我国东西向（北纬32°）地形剖面

中国地貌类型图

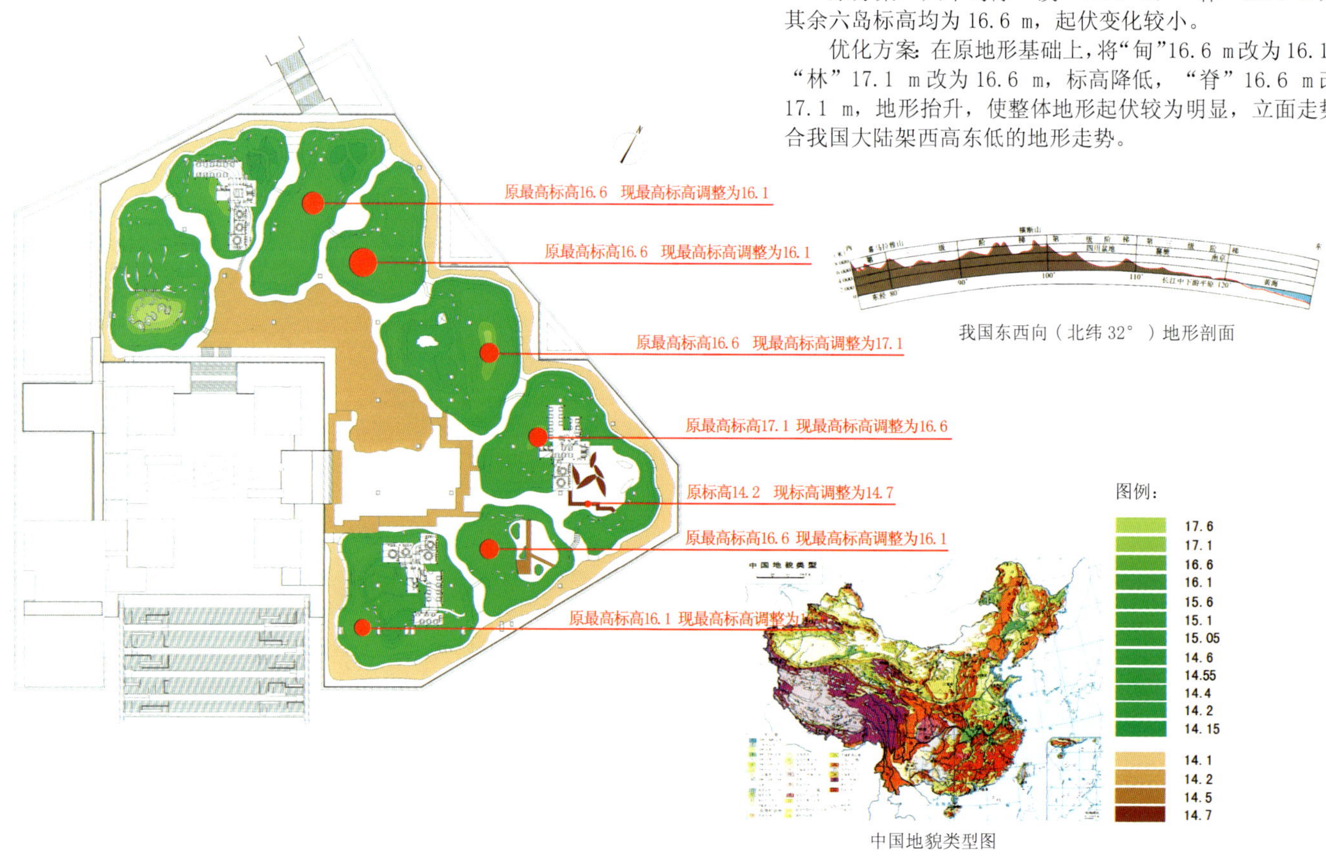

■ 地形优化分析图（一）

1

2

1/2 大广场实景图

原始地形立面、柱状图
原始标高17.6
原始标高16.6
原始标高16.6
原始标高17.1
“漠”
“壑”
“甸”
“林”
优化地形立面、柱状图
“漠”
“壑”
“甸”
“林”
+3.40(等同+17.60)
+2.50(等同+16.60)
+2.00(等同+16.10)
+2.50(等同+16.60)

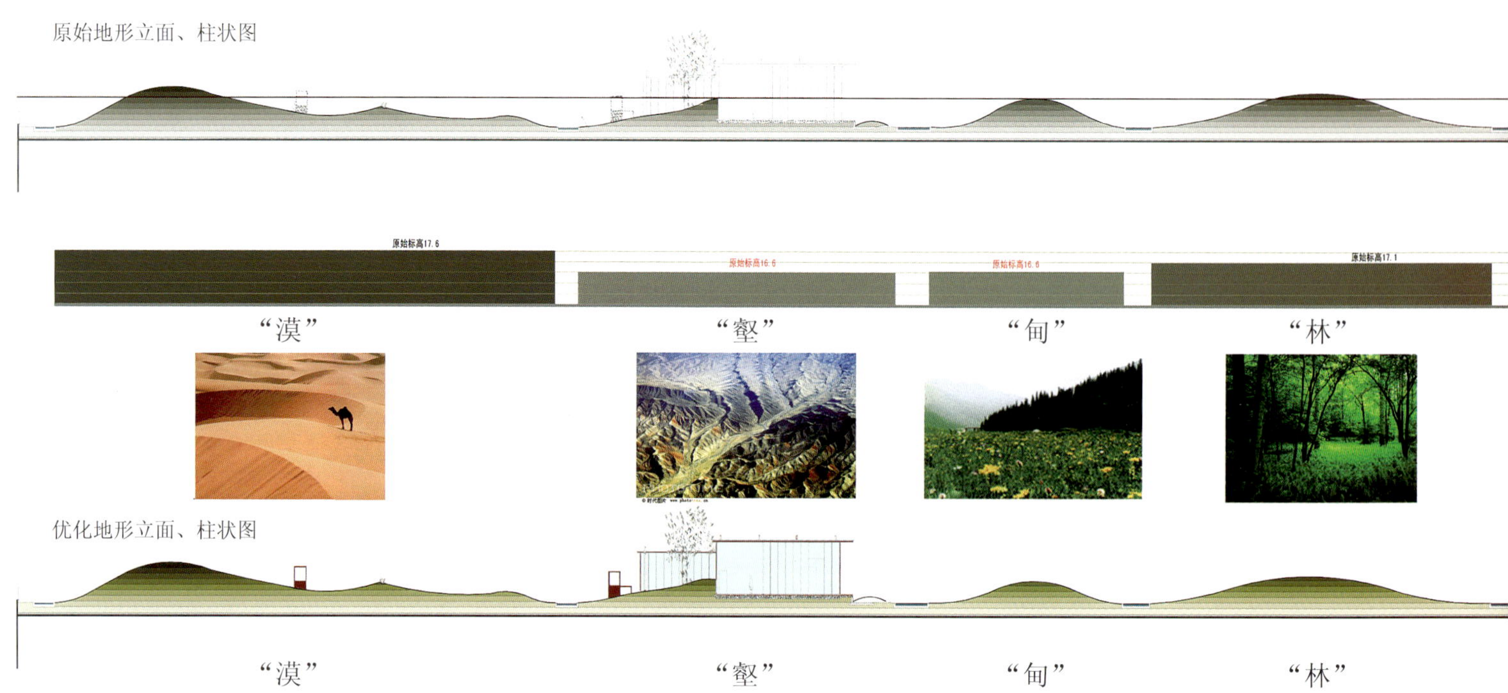

■ 地形优化分析图（二）

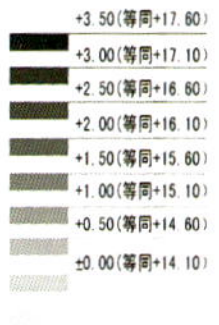

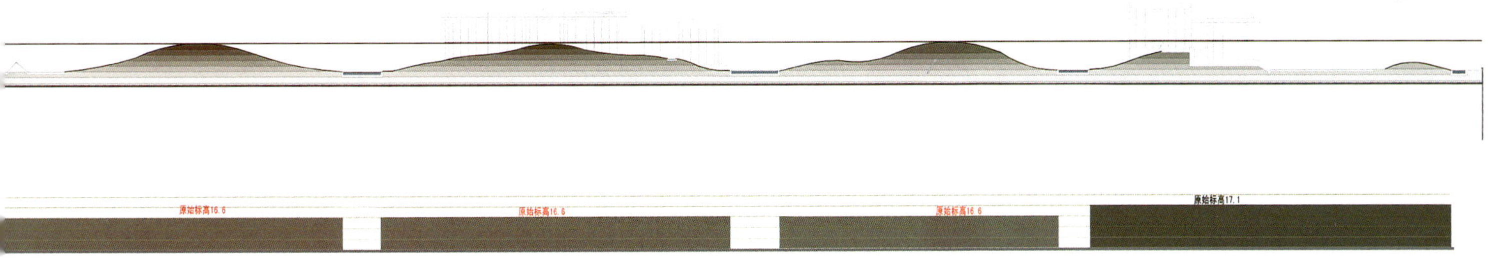

+3.50(等同+17.60)
+3.00(等同+17.10)
+2.50(等同+16.60)
+2.00(等同+16.10)
+1.50(等同+15.60)
+1.00(等同+15.10)
+0.50(等同+14.60)
±0.00(等同+14.10)

原始标高16.6　原始标高16.6　原始标高16.6　原始标高17.1

"脊"　"渔"　"泽"　"田"

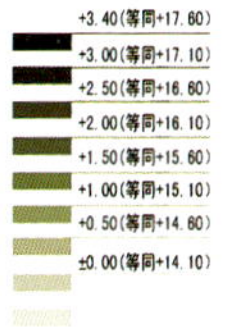

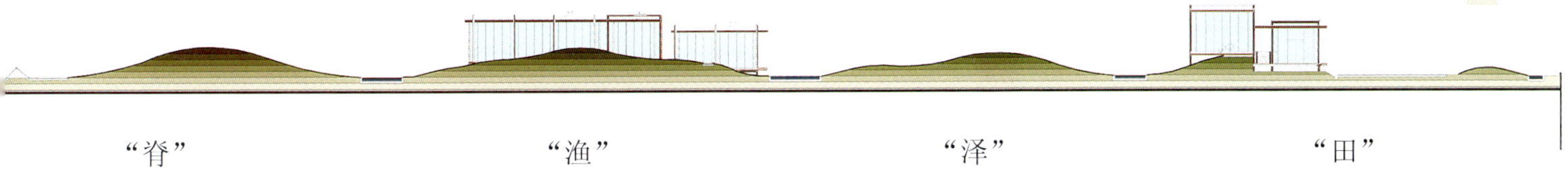

+3.40(等同+17.60)
+3.00(等同+17.10)
+2.50(等同+16.60)
+2.00(等同+16.10)
+1.50(等同+15.60)
+1.00(等同+15.10)
+0.50(等同+14.60)
±0.00(等同+14.10)

"脊"　"渔"　"泽"　"田"

+3.00(等同+17.10)　+2.50(等同+16.60)　+2.00(等同+16.10)　+2.50(等同+16.60)

现场施工图

中国馆与地方馆的屋顶连接有两个主要出入口，在原设计方案中道路系统只有一处与中国馆直接连接，考虑道路的连贯性和人流的紧急疏散性，优化后把两处出入口与屋顶景观道路直接相连。

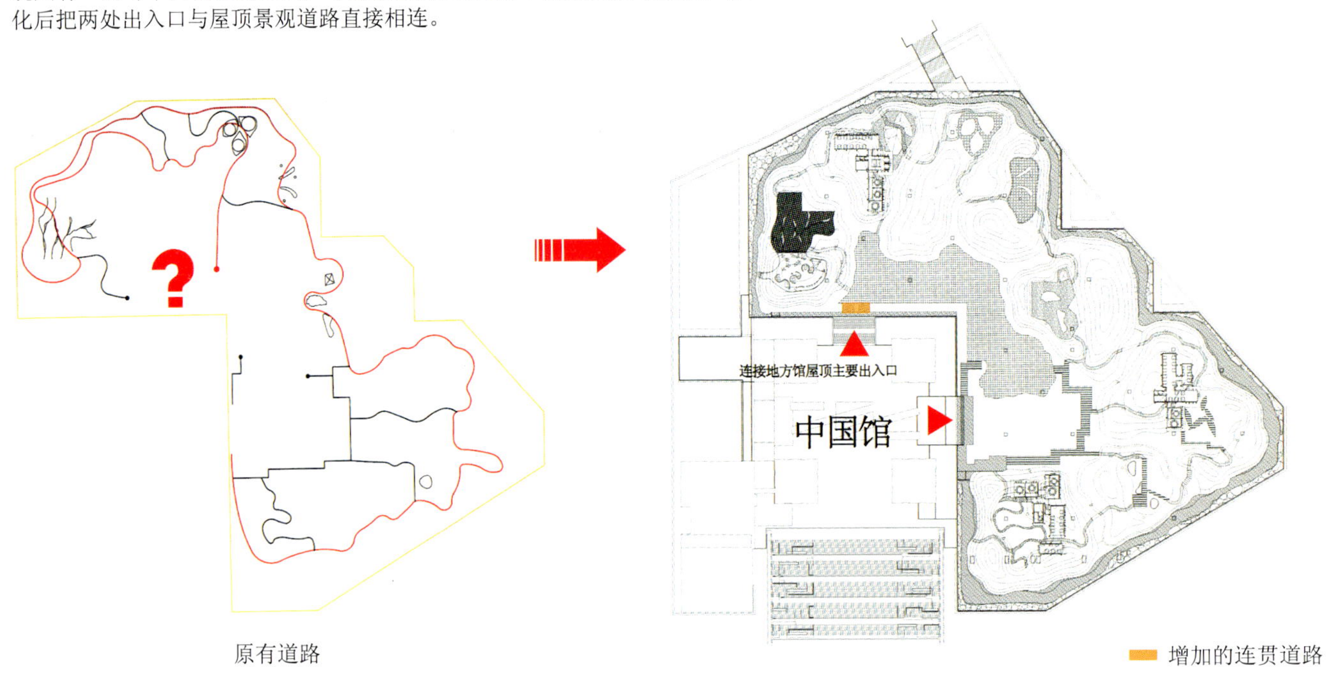

■ 景观道路流线优化图

本景观为公共场所，作为主要观览流线最少允许两人自由通行，根据人体工程学需要，两人行走路面宽度在 1.2 m 比较舒适，原有道路为 1 m，不适合两人同行，简易优化为 1.2 m 宽的道路。

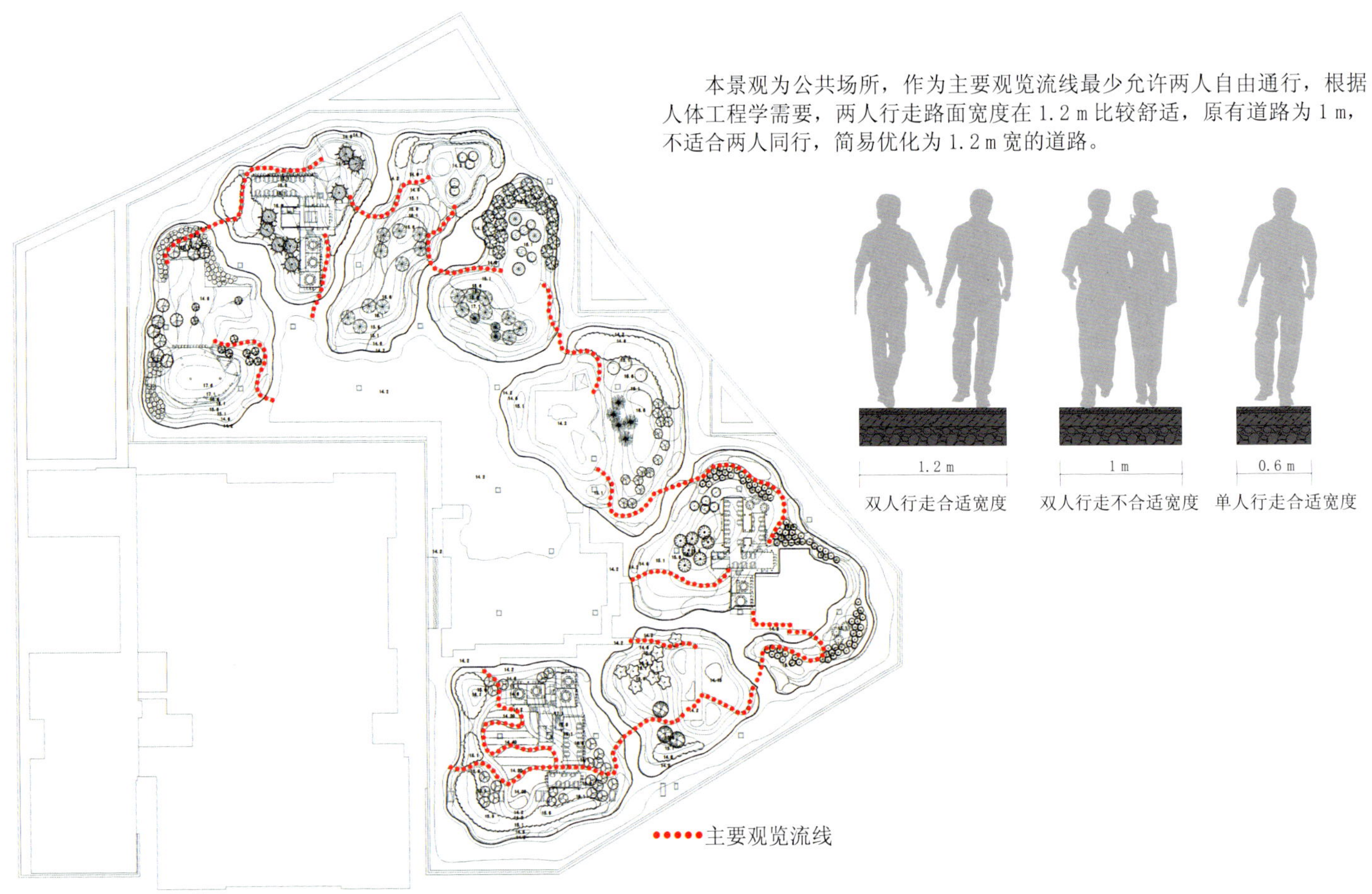

■ 主要观览道路优化图

■ 环绕观览道路与栏杆之间的优化（一）

原方案：环绕观览道路与栏杆之间都是用卵石干铺，考虑环绕观览路线也是非常重要的景观路线，纯粹干铺卵石面积比较大显得太单调，也影响整个景观营造效果。

优化后：结合原有卵石，在景观节点和道路拐角处合理布置花镜景观，这使得里面景观有一个良好的延续性，自然的过渡到栏杆处。也为环绕观览道路营造出非常优美的景观环境。

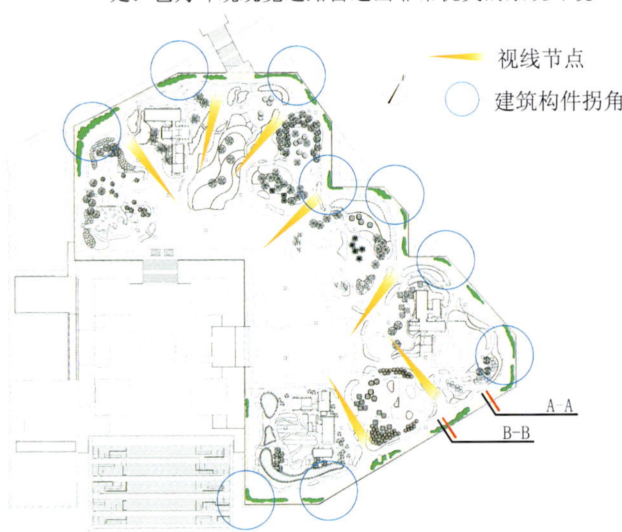

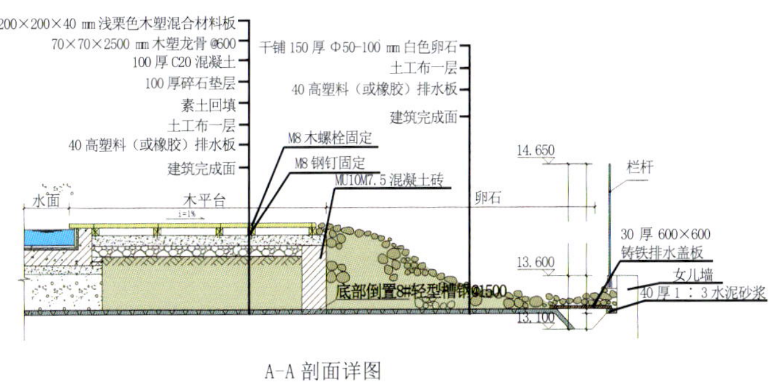

A-A 剖面详图

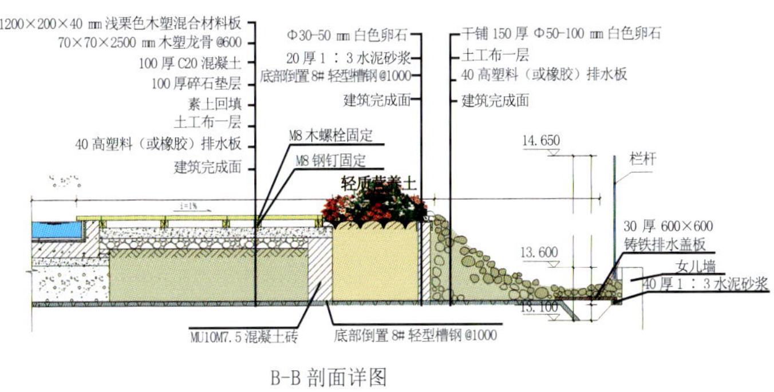

B-B 剖面详图

■ 环绕观览道路与栏杆之间的优化（二）

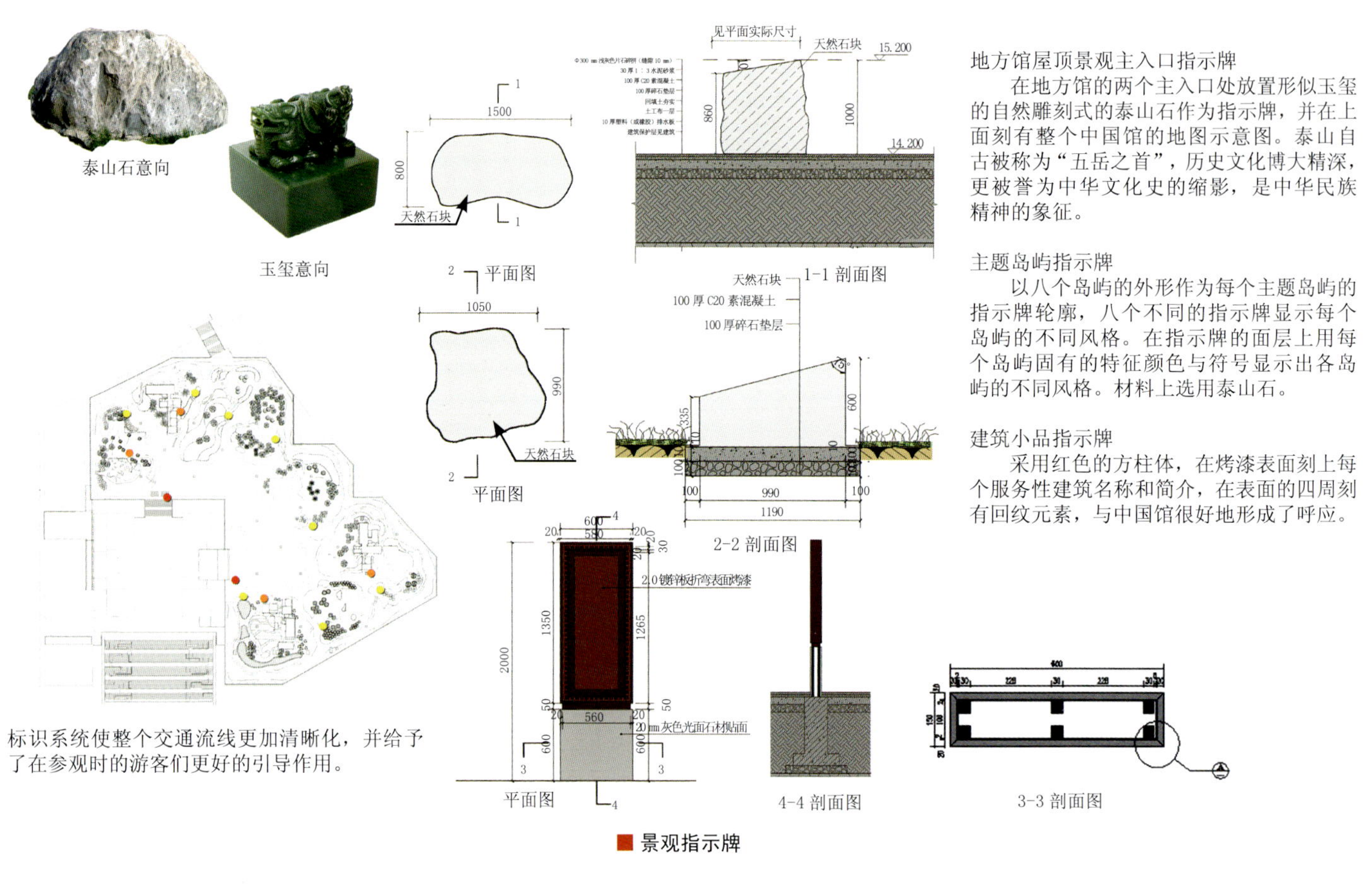

标识系统使整个交通流线更加清晰化，并给予了在参观时的游客们更好的引导作用。

地方馆屋顶景观主入口指示牌

在地方馆的两个主入口处放置形似玉玺的自然雕刻式的泰山石作为指示牌，并在上面刻有整个中国馆的地图示意图。泰山自古被称为“五岳之首”，历史文化博大精深，更被誉为中华文化史的缩影，是中华民族精神的象征。

主题岛屿指示牌

以八个岛屿的外形作为每个主题岛屿的指示牌轮廓，八个不同的指示牌显示每个岛屿的不同风格。在指示牌的面层上用每个岛屿固有的特征颜色与符号显示出各岛屿的不同风格。材料上选用泰山石。

建筑小品指示牌

采用红色的方柱体，在烤漆表面刻上每个服务性建筑名称和简介，在表面的四周刻有回纹元素，与中国馆很好地形成了呼应。

■ 景观指示牌

9号风机口 8号风机口 7号风机口 6号风机口 5号风机口 4号风机口 3号风机口 2号风机口 1号风机口

10号风机口 11号风机口 12号风机口

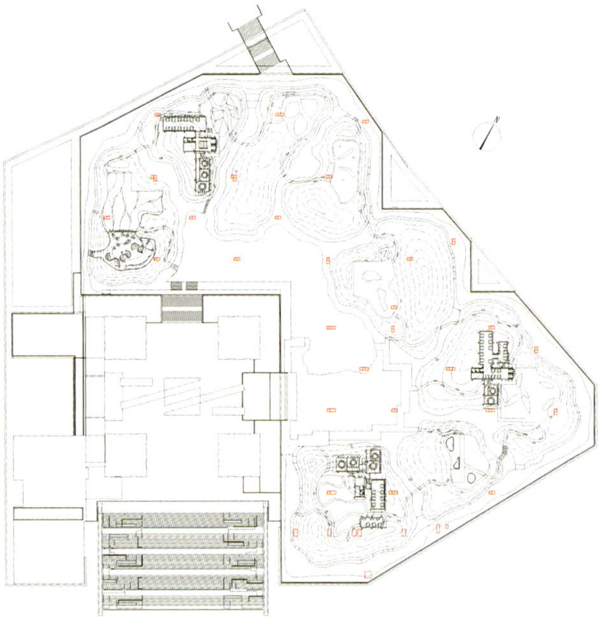

○ 优化风机口

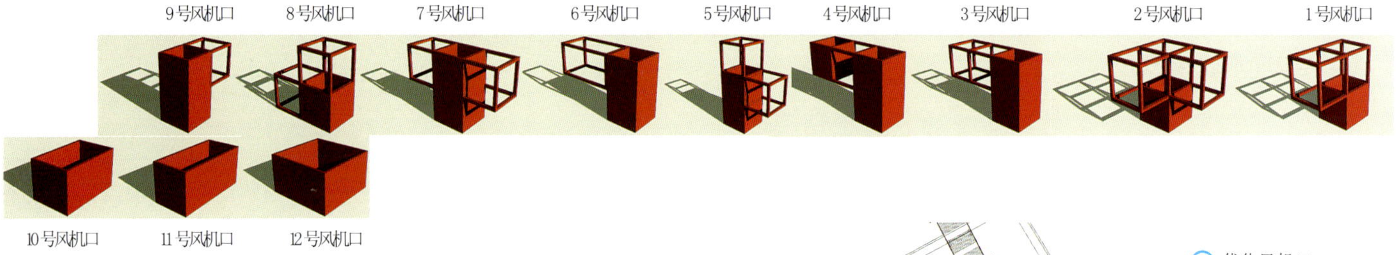

原方案风机口布置位置

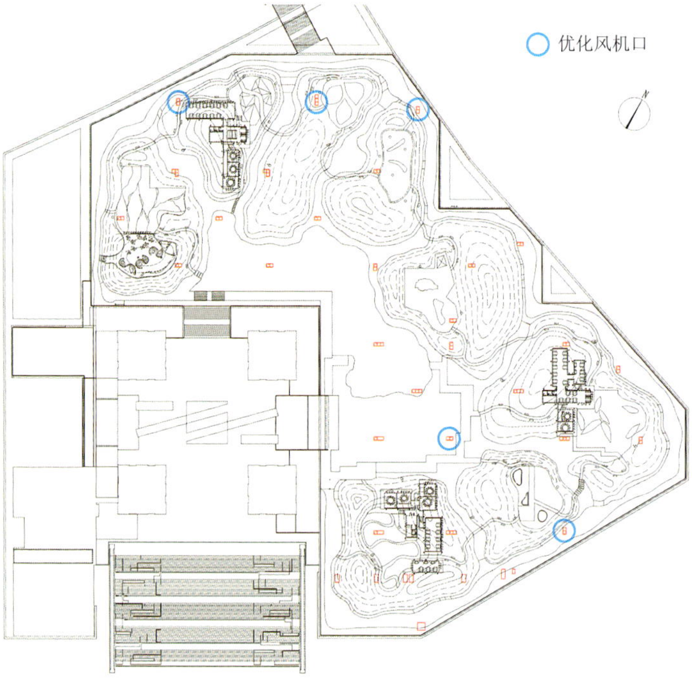

优化后风机口布置位置

在本方案中有 36 个风机口风格各异，为了很好的与建筑、景观相融合，原设计师以红色雕塑的处理形式与之互相呼应。经对图纸的细心解读，发现风机口上的构架与周边环境和空间存在一些矛盾，为了更好地协调，对 5 处风机口的构架做了细微的调整。

■ 风机口优化分析图

以下具体的说明中国馆（地区馆）屋面景观服务性建筑室内装修设计说明。

一、服务性建筑室内装修设计总说明

（一）设计依据：

(1)《建筑内部装修设计防火规范》(GB 50222- 1995)。

(2)《建筑装修装饰工程质量验收规范》(GB 50210-2001)。

(3) 中国馆（地区馆）屋面景观服务性建筑土建及设备图。

（二）消防要求

(1) 本工程消防设施安装均需得到消防处的批复同意，方可施工。

(2) 所有木基层均刷消防处认可的防火涂料三度。

(3) 木装修同电器开关相碰处，按《建筑电器规范》(一) 进行处理。

（三）施工说明

1. 隔墙：所有隔墙均封到顶，石膏板封到顶。采用 75 系列轻钢龙骨，双面石膏板隔墙。

2. 地坪：

(1) 20 厚，1 ： 2.5 水泥砂浆

(2) 铺贴大理石。

3. 墙面：

(1) 乳胶漆：

1) 专用乳胶腻子批嵌。

2) 乳胶漆三度（或按选用产品说明书）。

(2) 面砖：

1) 1 ： 2 水泥砂浆加稀释 108 胶水铺贴、离缝（砖墙上）。

2) 面砖专用粘贴剂粘贴（非砖墙上）。

4. 吊顶：轻钢龙骨双层纸面石膏板。

(1) 50 系列不上人龙骨。

(2) 贴缝带，腻子批嵌平整。

(3) 乳胶漆三度（按选用产品说明书）。

参见中国建筑标准设计研究所出版的轻钢龙骨吊顶图 (98SJ230)。

5. 灯具：

(1) 所用灯具为现货，造型材质须经过设计及甲方认可。

(2) 灯槽选用日光灯，灯管安装前后搭接，防止暗区产生。

(3) 吊灯安装必须与楼板连接。

6. 家具：所有家具均选用现货或有专业厂家生产，造型材质须经设计及甲方认可。

7. 卫生洁具：洁具由甲方指定品牌卫生洁具。

二、休闲音乐简餐厅设计说明

功能定位：整体设计立足于先进、灵活、耐用的原则，创造高品质音响效果的餐厅。

■ 休闲音乐简餐厅设计构思及意向图

设计构思：运用线条的分割处理，合理划分空间，流线清晰明确。注重色彩的运用，通过家具及软装饰的搭配，洋溢出一种浪漫的海洋气息，展现出碧海蓝天之下海风的自然印迹。

构成元素：夹丝玻璃，壁纸，特殊效果漆，白色大理石。

三、主题咖啡吧设计说明

1. 功能定 简餐、商务会谈和小型商务会议功能。

2. 特色定位

数字生活体现咖啡厅的主要特色，室内装饰及功能也以此为依据展开，制作成数字生活主题咖啡厅。

3. 设计构思

现框架为钢结构玻璃幕墙，本身属于相对时尚的现代感建筑，室内装饰也以 LOFT 风格为基础展开，大面积裸露粗犷背景衬托柔性或精美豪华的点缀及装饰，以粗犷与精细的反差来营造浪漫氛围。

4. 色彩及材质

色彩上以白色及木色为基本色，对比强烈可识别性高。材质上除利用原来的钢材及玻璃外，木制部分为橡木饰面，石材为透光石材和黑色石材，局部点缀不锈钢。材料单纯简洁，突出现代感观以外，在精神上更为牢固的把握住温暖和闲适的咖啡文化。

5. 造型元素

在形体元素上，以圆形、直线、折线为主要构成。

6. 配套设计

作为一个主题咖啡厅，整体的设计可以更好的突出其风格，从室内陈设布置到 LOGO 设计，从门头广告到户外铭牌，以及菜单，家具和名片服装餐具等都进行统一的规划与调整，删繁就简让咖啡厅的整体风格提升到一个更高的品味和层次。

咖啡吧设计构思与意向图

四、主题餐厅设计说明

1. 功能定位

提供高品质的商务宴请，休闲功能的餐饮场所。

2. 设计构思

对于本案的风格定位以带有浓郁东方韵味的现代风格为设计主线。

3. 色彩与材质

经典的中国红与典雅的黑色配金色云纹形成极富视感冲击的焦点。

4. 构成元素

主要构成元素有胡桃木、仿古砖、夹丝玻璃、马赛克、云石灯片。

■ 主题餐厅设计构思及意向图

1.1.3 绿化种植优化

一、整体的绿化种植优化

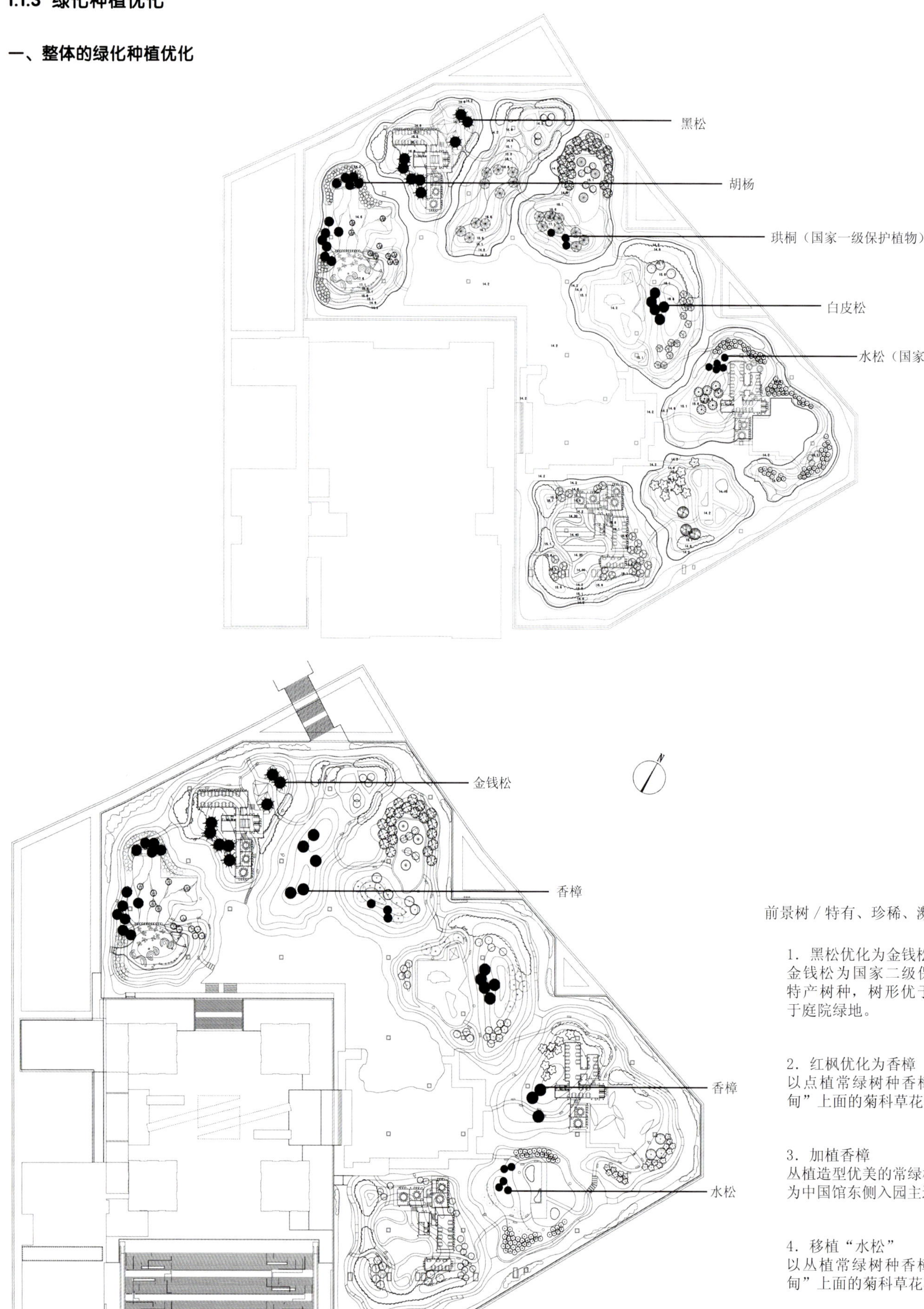

前景树／特有、珍稀、濒危树种优化

1. 黑松优化为金钱松
金钱松为国家二级保护树种，属特产树种，树形优于黑松，更适于庭院绿地。

2. 红枫优化为香樟
以点植常绿树种香樟来凸显“草甸”上面的菊科草花花境。

3. 加植香樟
从植造型优美的常绿树种香樟来作为中国馆东侧入园主通道的对景。

4. 移植“水松”
以从植常绿树种香樟来凸显“草甸”上面的菊科草花花境。

■ 前景乔木优化对比

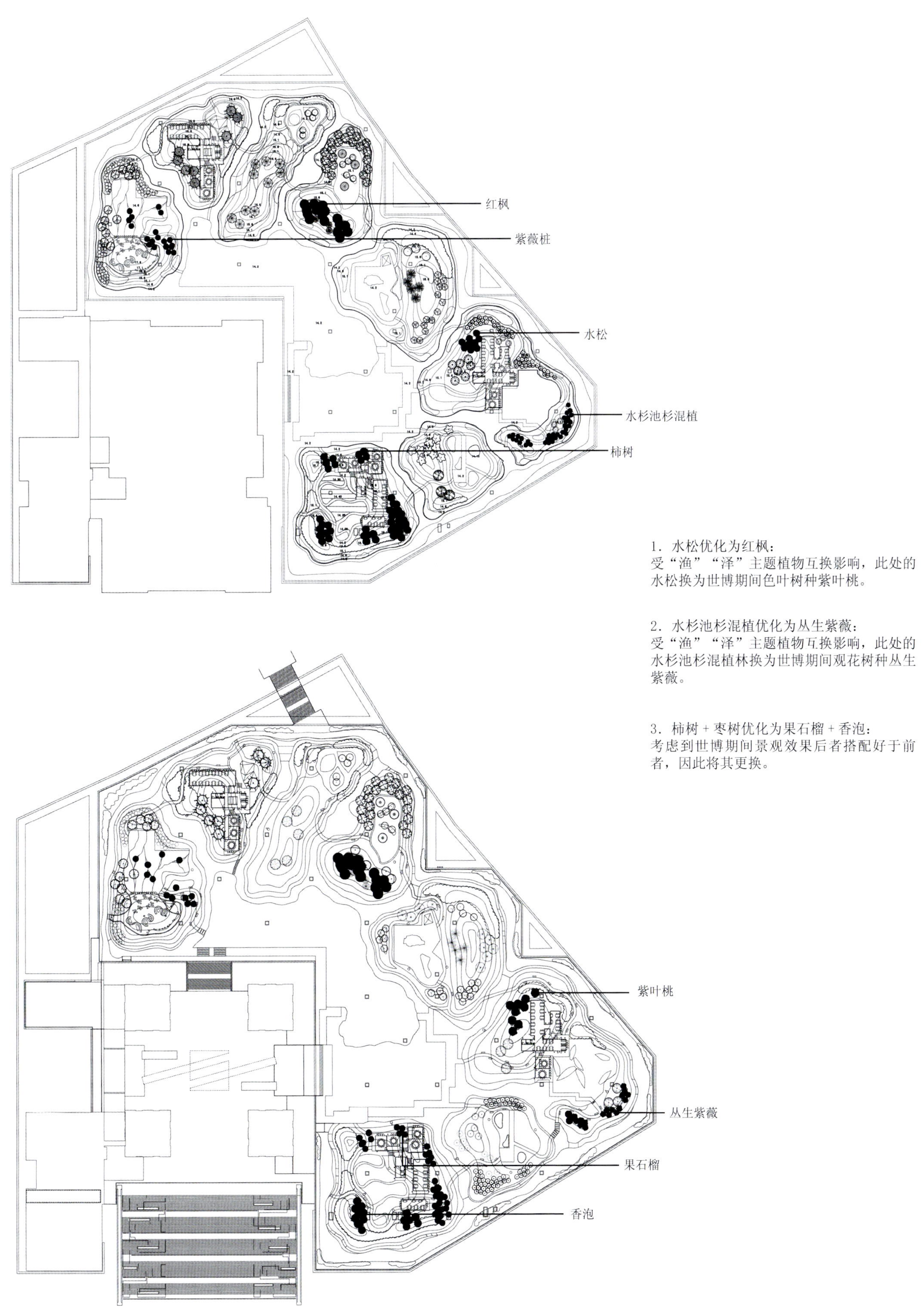

1. 水松优化为红枫：
受“渔”“泽”主题植物互换影响，此处的水松换为世博期间色叶树种紫叶桃。

2. 水杉池杉混植优化为从生紫薇：
受“渔”“泽”主题植物互换影响，此处的水杉池杉混植林换为世博期间观花树种从生紫薇。

3. 柿树＋枣树优化为果石榴＋香泡：
考虑到世博期间景观效果后者搭配好于前者，因此将其更换。

中层乔木优化对比

原方案植栽立面

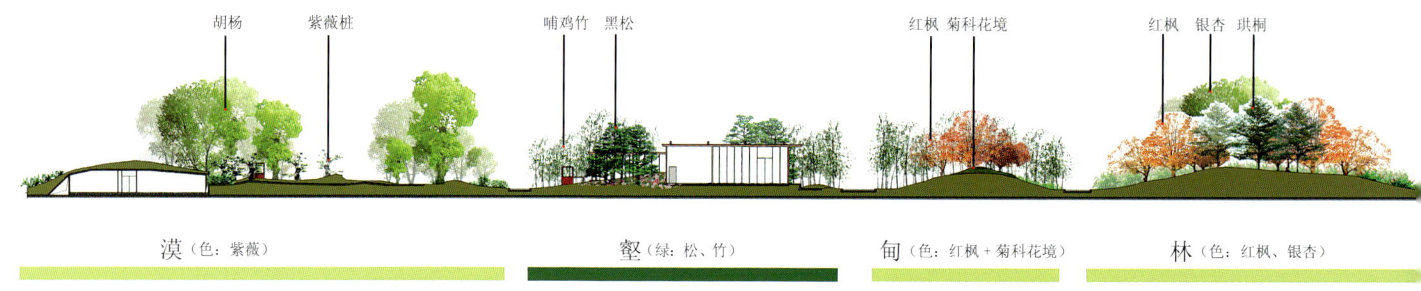

优化方案植栽立面

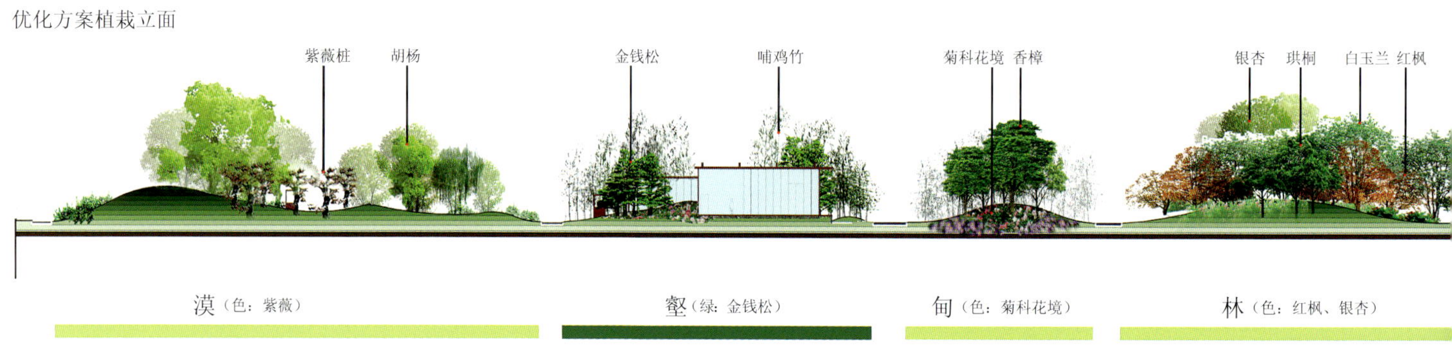

■ 中层乔木优化

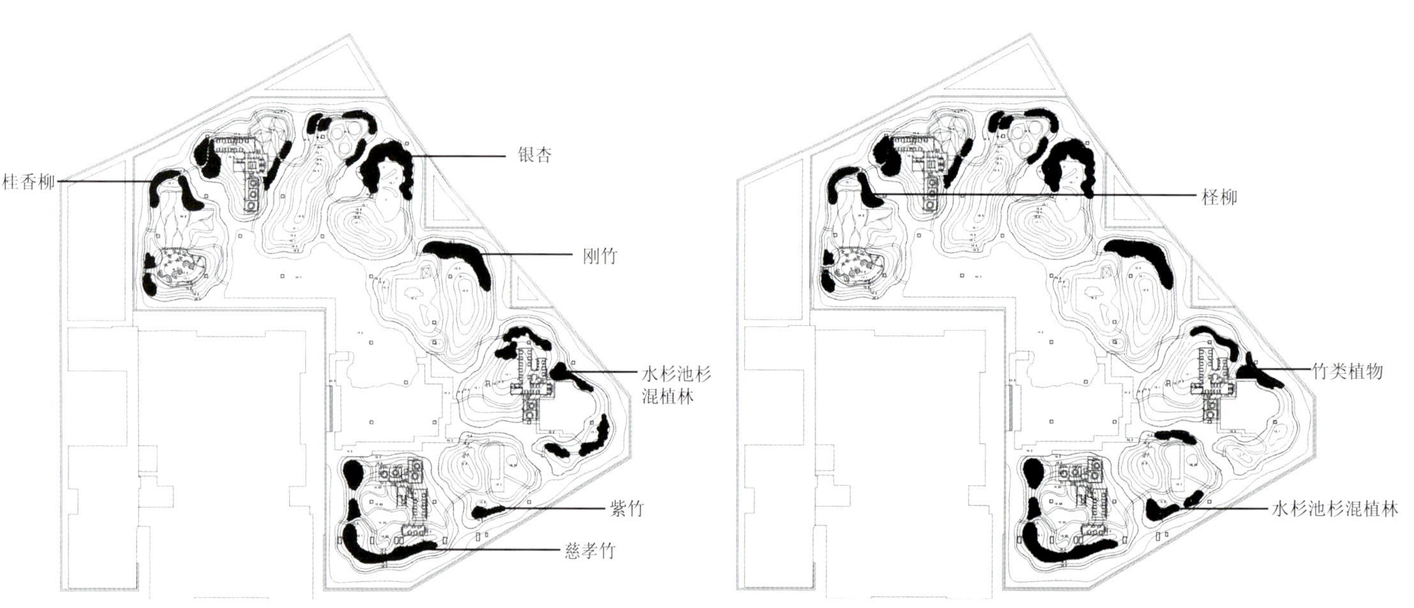

1．桂香柳优化为柽柳
考虑到土壤气候等因素，将桂香柳替换成已经成功引种至上海且树形相似的柽柳来代替。

2．水杉池杉混植林与竹类植物互换
“渔”，捕鱼也（《说文》）；“泽”，川纏为“泽”（《左传·宣公十二年》）。习惯上我们会将“渔”与江南鱼米之乡联系起来，而“泽”则常与湿地联系在一起，因此将“泽”与“渔”两岛的主题植物互换，以反映我们现实生活中较为熟悉的环境氛围。

■ 背景树／竹类植物　银杏

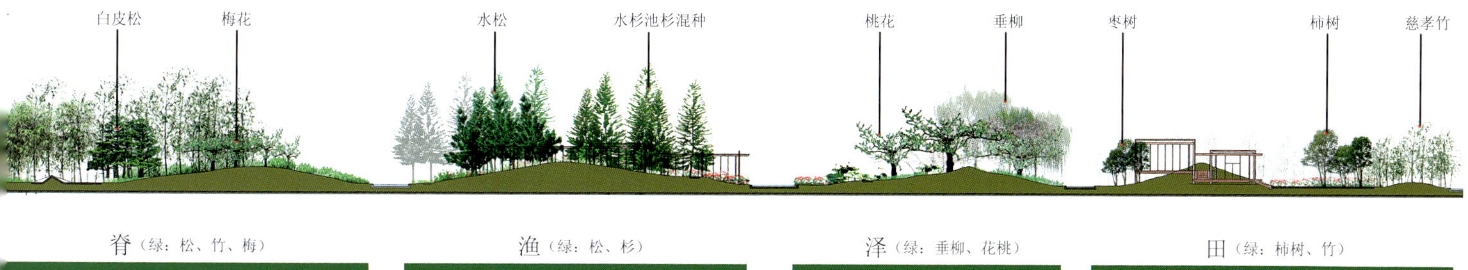

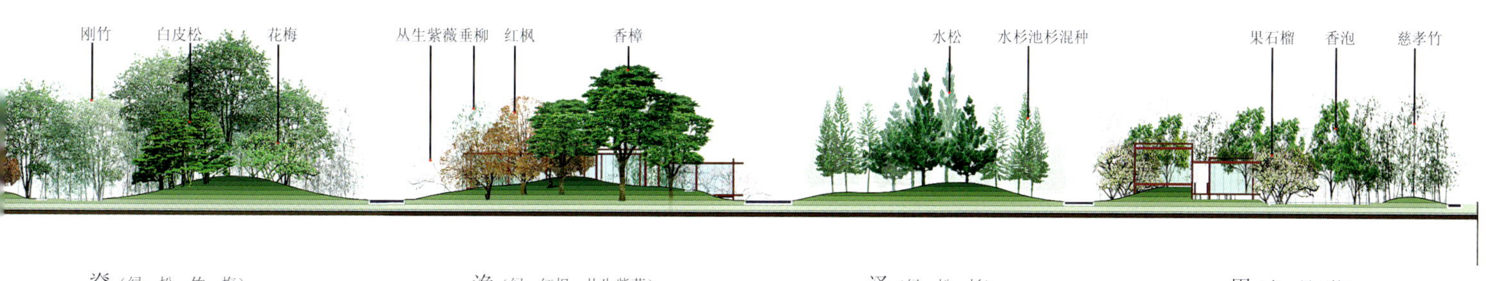

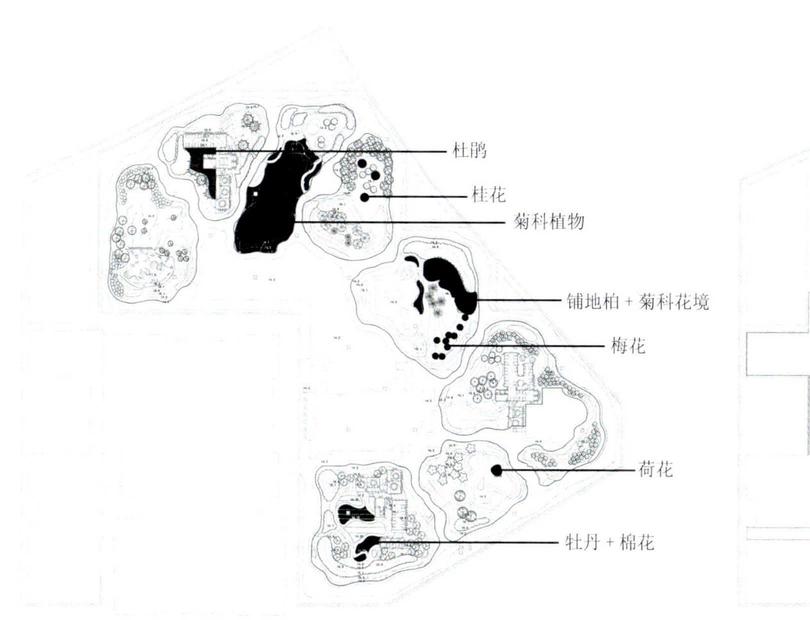

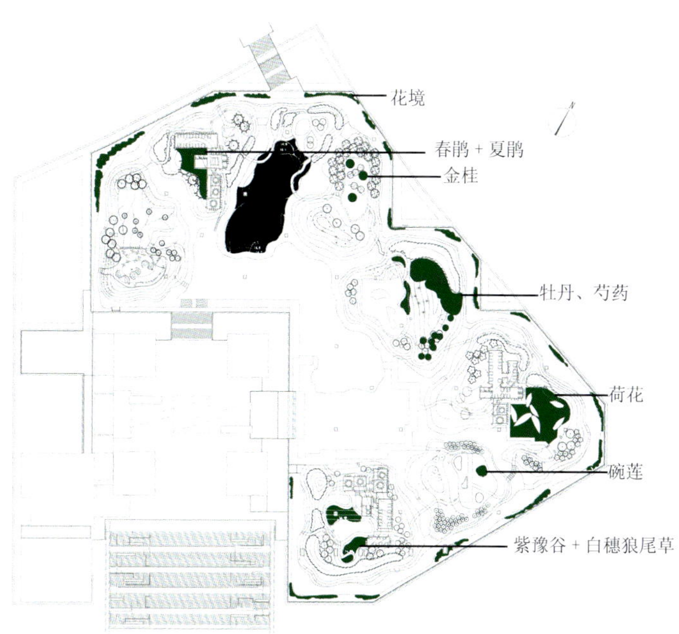

1．杜鹃优化为春鹃 + 夏鹃，后者混植可延长花期。
2．桂花优化为金桂，金桂为桂花中较好的品种。
3．外侧加植花境。原设计环绕观览道路与栏杆之间都是用卵石干铺，面积比较大略显单调，建议在景观节点和道路拐角处合理布置花境景观，这使得道路内外景观有良好的连续性，自然地过渡到屋顶花园边缘处。

4．牡丹（棉花）优化为紫豫谷、白穗狼尾草、矢羽芒。“田”间种植形似水稻的紫豫谷及白穗狼尾草、矢羽芒，充分体现田林野趣的乡村景观。同时考虑牡丹、芍药为半阴植物，优化至“脊”和“渔”的林下种植，更有利于其生长。

■ 花卉 / 中国传统名花

二、各岛的绿化种植优化

1. “田”

香泡 8–10 月挂果，果石榴 5–6 月开花，9–10 月结果，在中国的传统文化中代表了多子多福的美好祝愿，且观赏性更强；“田”以形似水稻的紫豫谷及白穗狼尾草、矢羽芒间种，充分体现田林野趣的乡村景观。同时考虑牡丹、芍药为半荫植物，优化至“脊”和“渔”的林下种植，更有利于其生长。

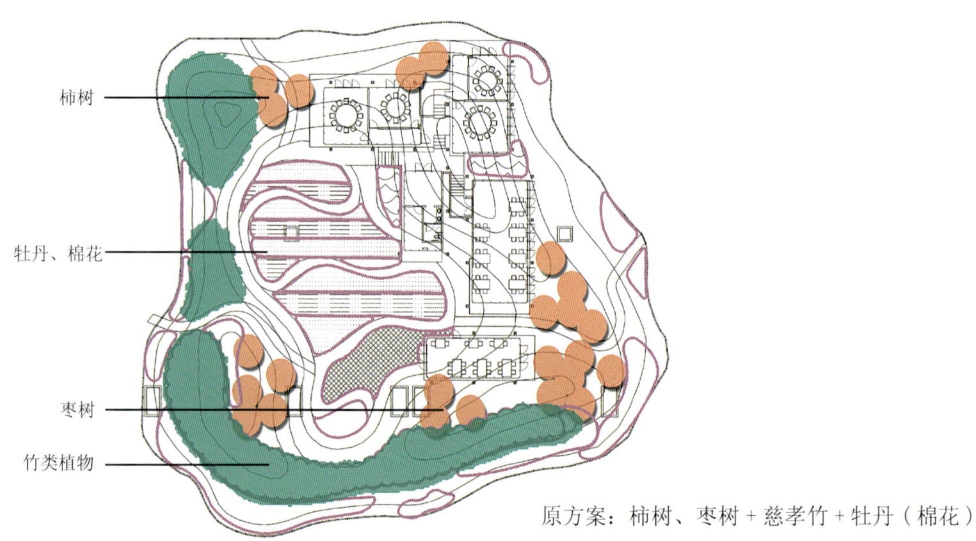

原方案：柿树、枣树 + 慈孝竹 + 牡丹（棉花）

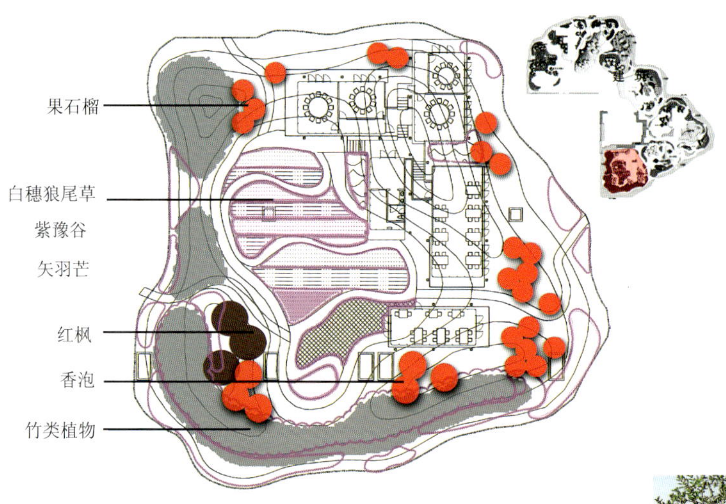

优化后：果石榴、香泡 + 慈孝竹 + 白穗狼尾草、紫豫谷、矢羽芒

枣树

果石榴

■ 1 “田”效果图
■ 2 “田”实景图

■ “田”植物优化

世博莅临
中城展新容
百五十年铺垫
五千年文明支撑
“水晶宫”连
“东方冠”
成就中西合璧
绘就美好城市
谱新篇
勇攀文明高峰

■ “田”实景图

■ "田"实景图

千年文明一统
万众一心迎世博
东方明珠
魅力城市
和谐古都
世纪风潮
奏响凯歌
跨越旋律

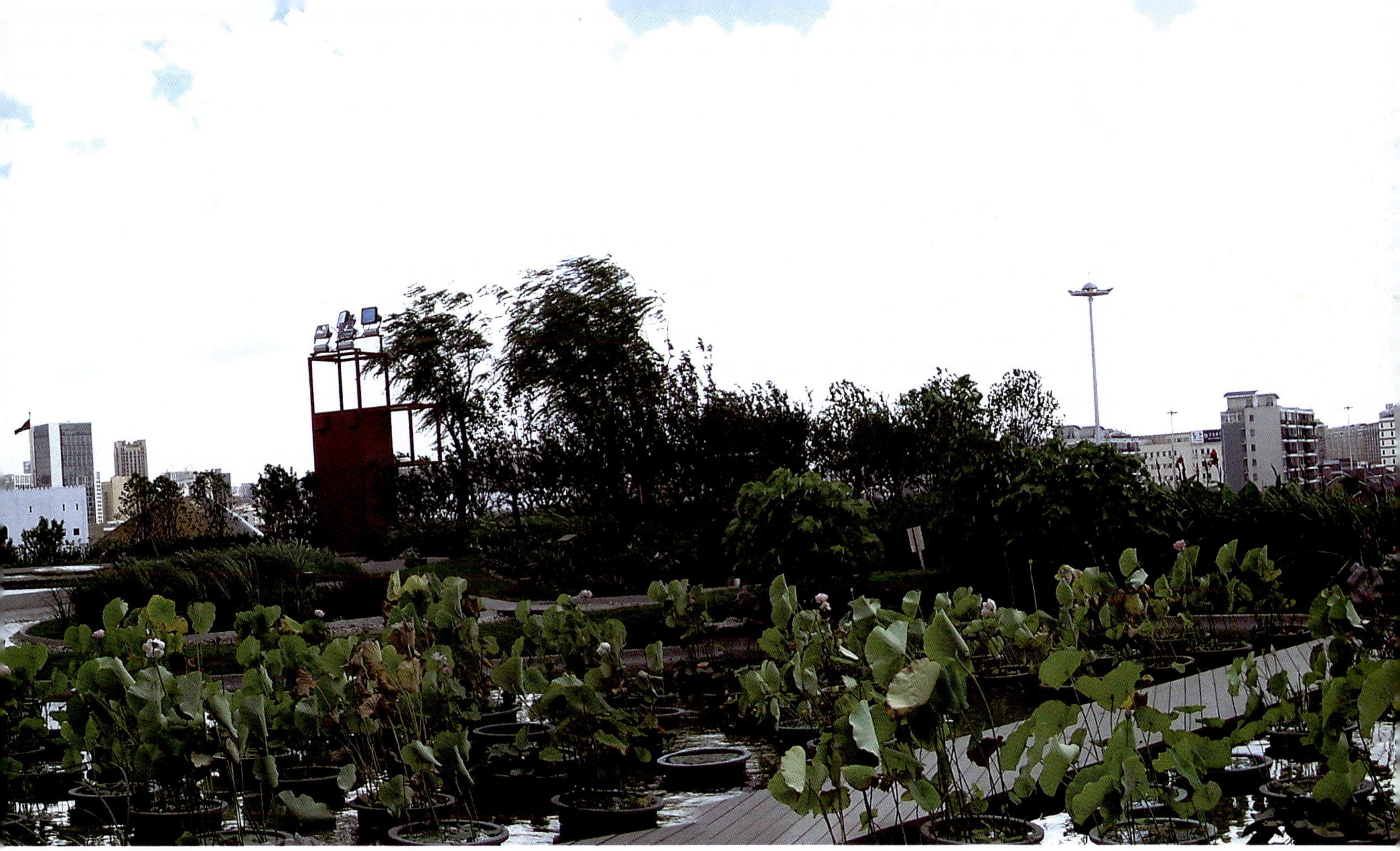

2.“泽”

为了接近“泽”的理念，采用水杉与池杉的混种作为背景树，东方杉和水松作为主景和前景树，岸线及水景中增加梭鱼草、花叶水葱、再立花、花叶美人蕉、碗莲等水生植物，达到软化岸线，增添野趣，更好地体现湿地景观。

垂柳

花桃

东方杉

水杉

原方案：垂柳 + 花桃 + 紫竹 + 荷花

优化后：水松、东方杉、水杉、池杉 + 碗莲、水生植物

■ “泽”植物优化

1
2

■ 1 “泽”实景图
■ 2 “泽”效果图

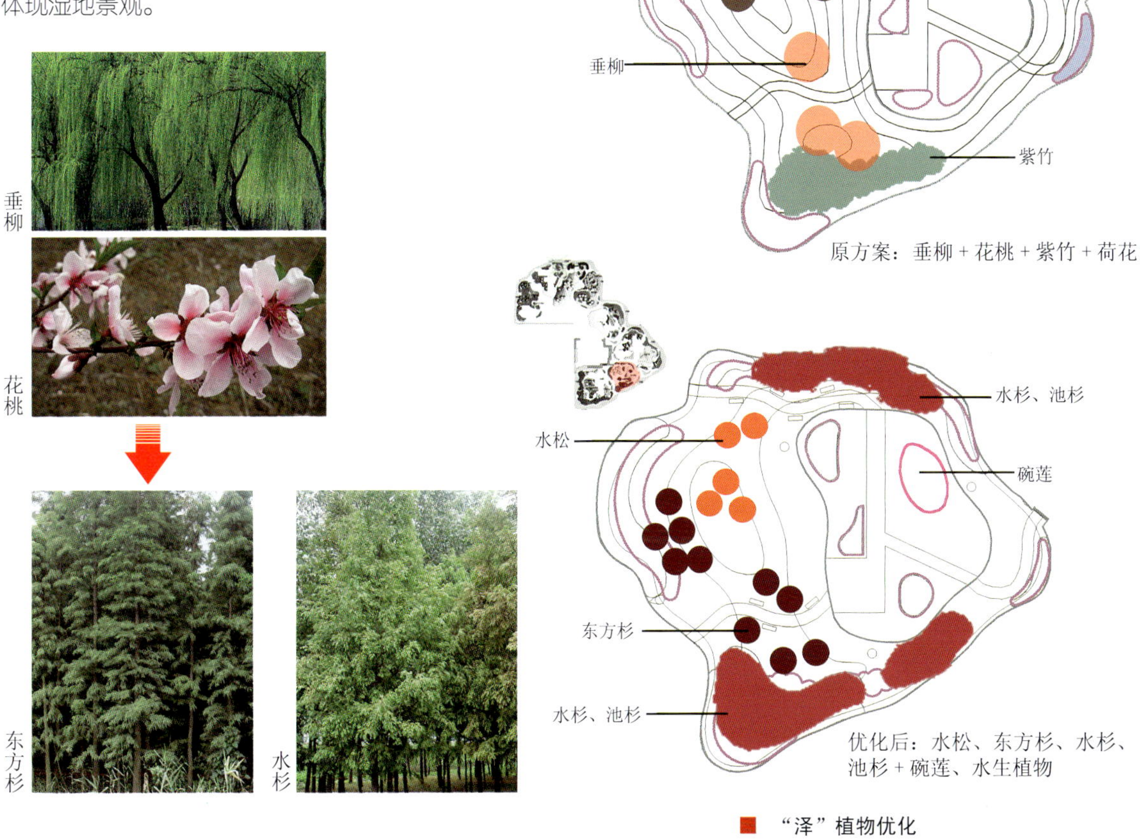

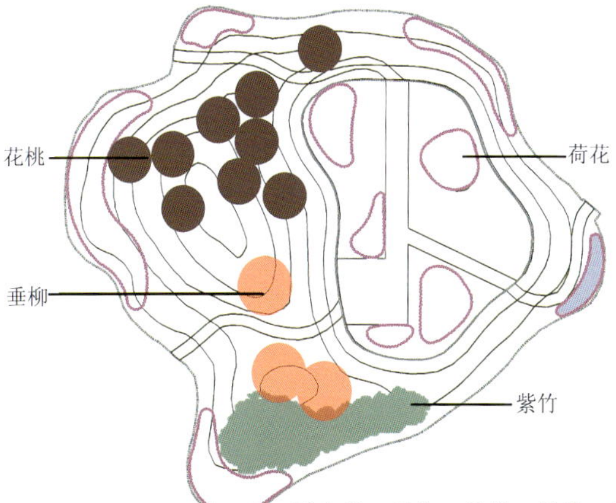

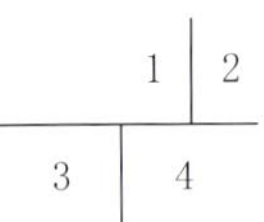

■1 “泽”施工中
■2 “泽”施工后
■3/4 “泽”施工后实景

3. “渔”

为表达鱼米之乡桃红柳绿的生活场景，我们选用世博会期间开花的紫薇，其形态选择丛生，充分保证株形景观达到亮化“渔”景观的效果。垂柳优化为无花的金丝柳，创造生态人居环境。同时在西侧主通道与岛上建筑间点植孤景香樟作为人流视线的对景。考虑原方案岛内水系较浅，无法种植深水植物，因此局部抬高水面，加植荷花，与池中船形木质铺装融合为一体，形成莲叶荷田似的江南水乡风光。

水松

金丝柳

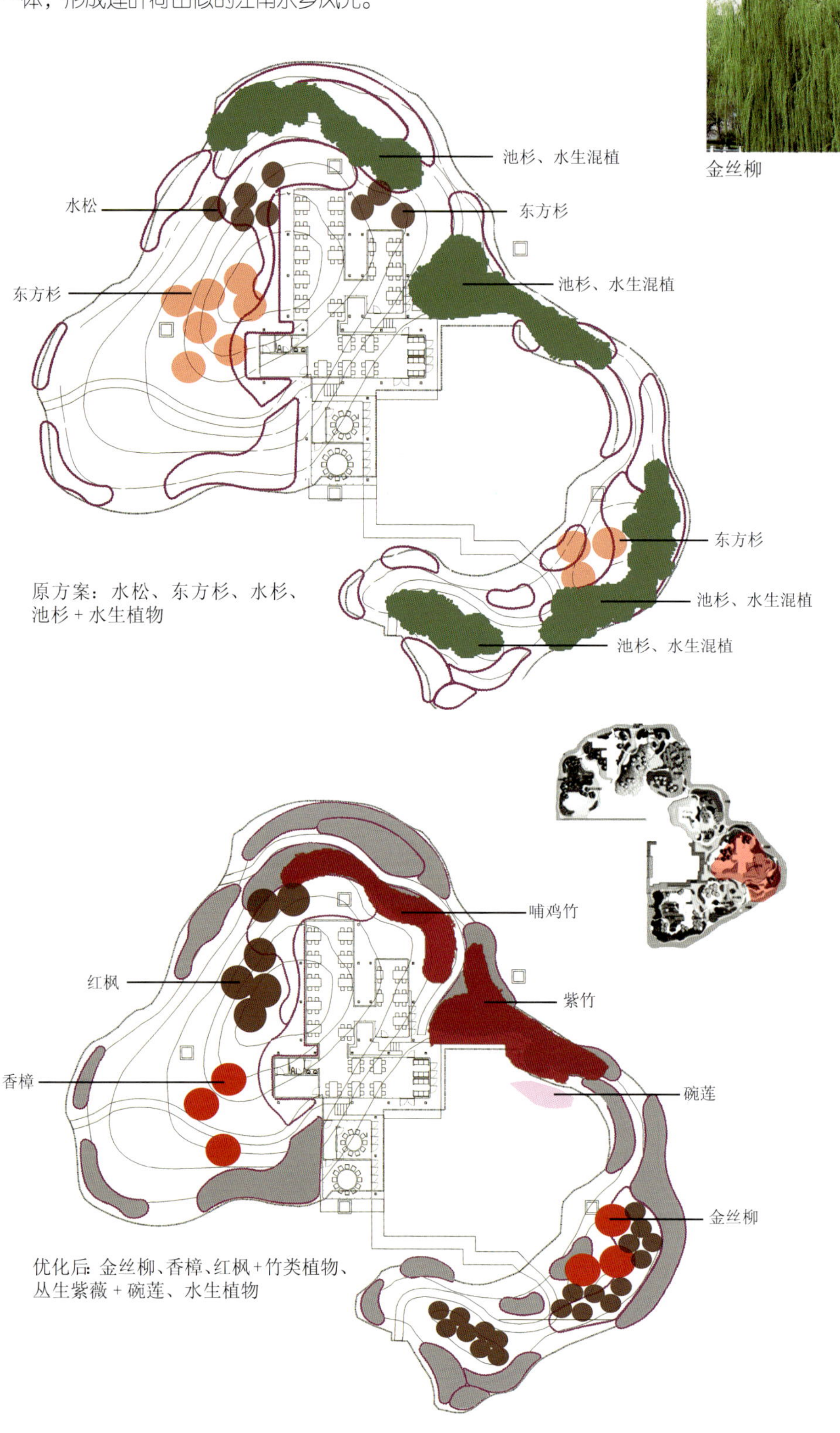

1 “渔”效果图
2 “渔”实景图

“渔”植物优化

世博之光耀全球
五洲四海聚浦江
人类文明共传承
百年盛事放光芒

1 | 2
3

■ 1~3“渔”实景图

■“渔”实景图

4.“脊”

“脊”体现了一种气节，因此设计者将“脊”的标高设于园内较高标高处，同时牡丹芍药都是喜干植物，种植在高坡上更有利于其生长，梅花采用白、红、绿色混种的花梅，同时增加种植密度，达到片植的群落景观效果。

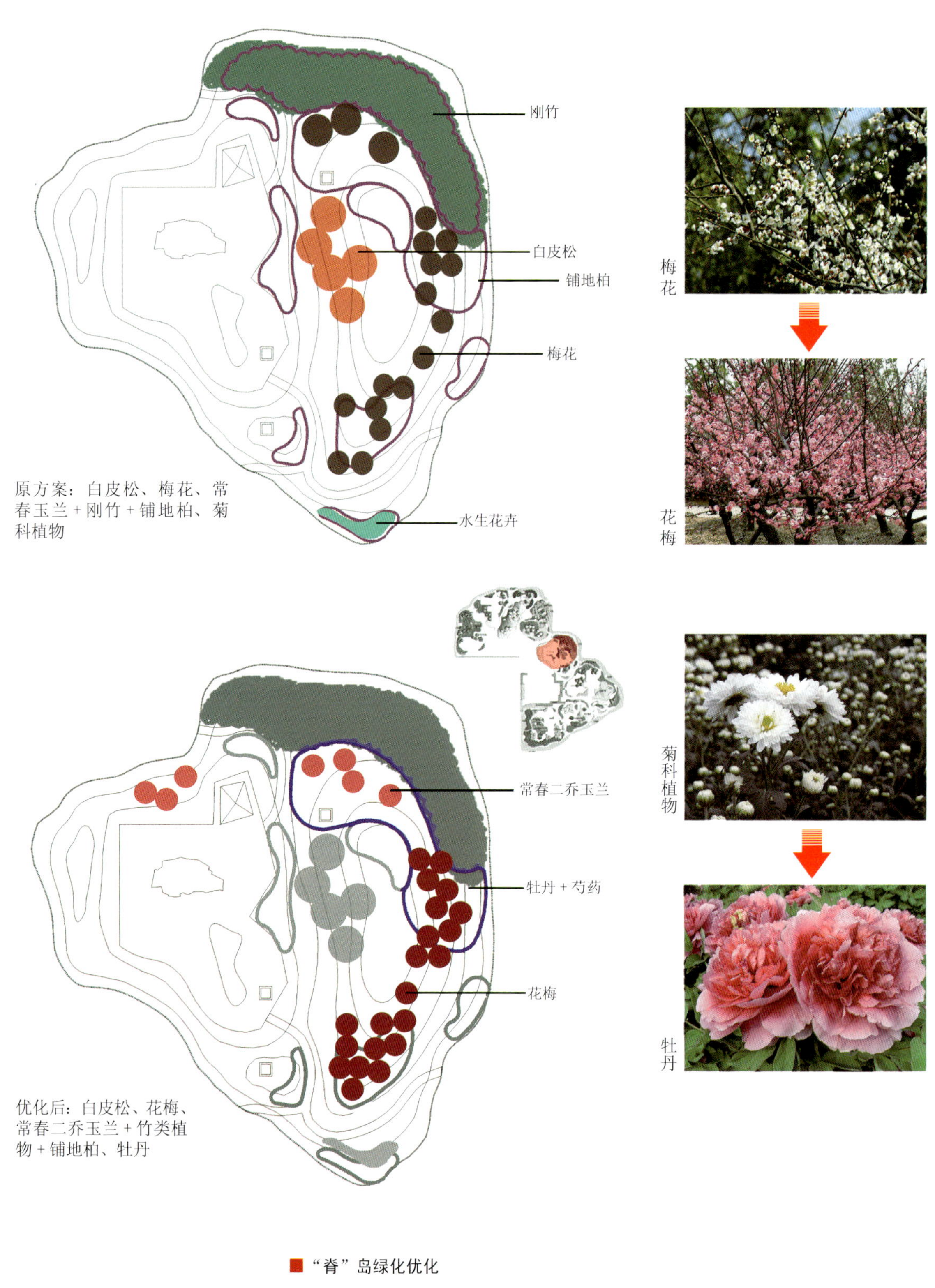

■“脊”岛绿化优化

■ 1“脊”效果图

■ 2“脊”实景图

千年文明一统，
万众一心迎世博。
东方明珠，
魅力城市，
和谐古都。
世纪风潮，
奏响凯歌，
跨越旋律。
寻根共万里，
重建万家友，
凝聚心、
强国志。
知荣辱讲文明，
落实发展观、
创新思维模。
续写今朝，
世博称雄，
一城美景。
持续发展，
多元共赢。
激荡心声，
同铸之梦，
传承世博情。

■“脊”实景图

■“脊”实景图

5. "林"

采用中国传统八月桂花飘香的金桂作为主要植物并点植上海市花以体现上海特色。

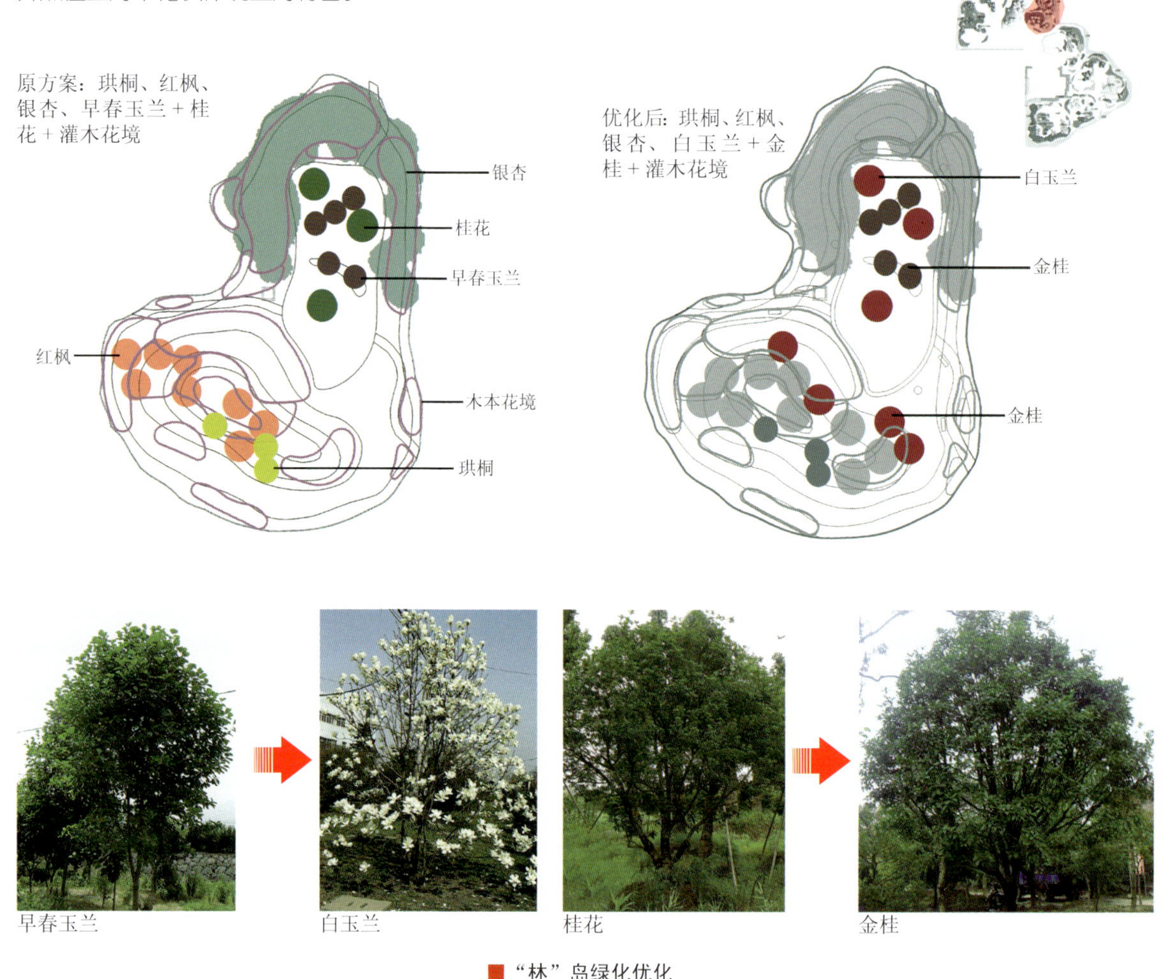

■ "林"岛绿化优化

■ 1"林"效果图
■ 2"林"实景图

6.“甸”

采用多种菊科植物混播以延长花期，使世博会期间都能有花可赏。考虑下层菊花与上层红枫色彩效果过于强烈，为突出下层花境，将红枫优化为常绿造型孤景乔木香樟，以充分体现“甸”的主题。

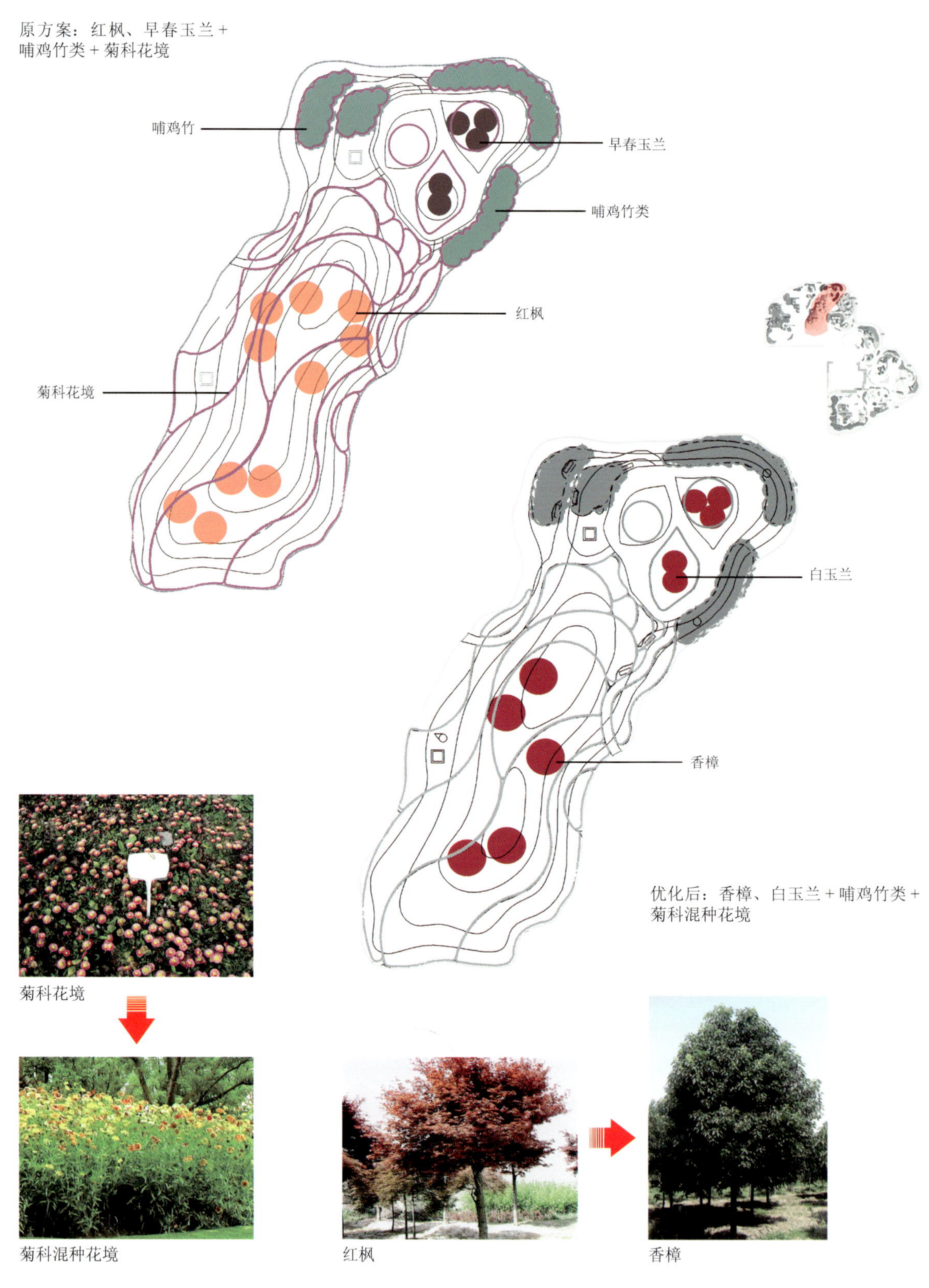

■“甸”岛绿化优化

1
2 3
4

1“甸”效果图

2/3/4“甸”实景图

7. “壑”

采用金钱松、竹类植物、春鹃、夏鹃为主要植物。金钱松为我国特有的二级保护树种，其形态优于黑松。春鹃、夏鹃的混植以延长花期，增加世博会期间的观花效果。

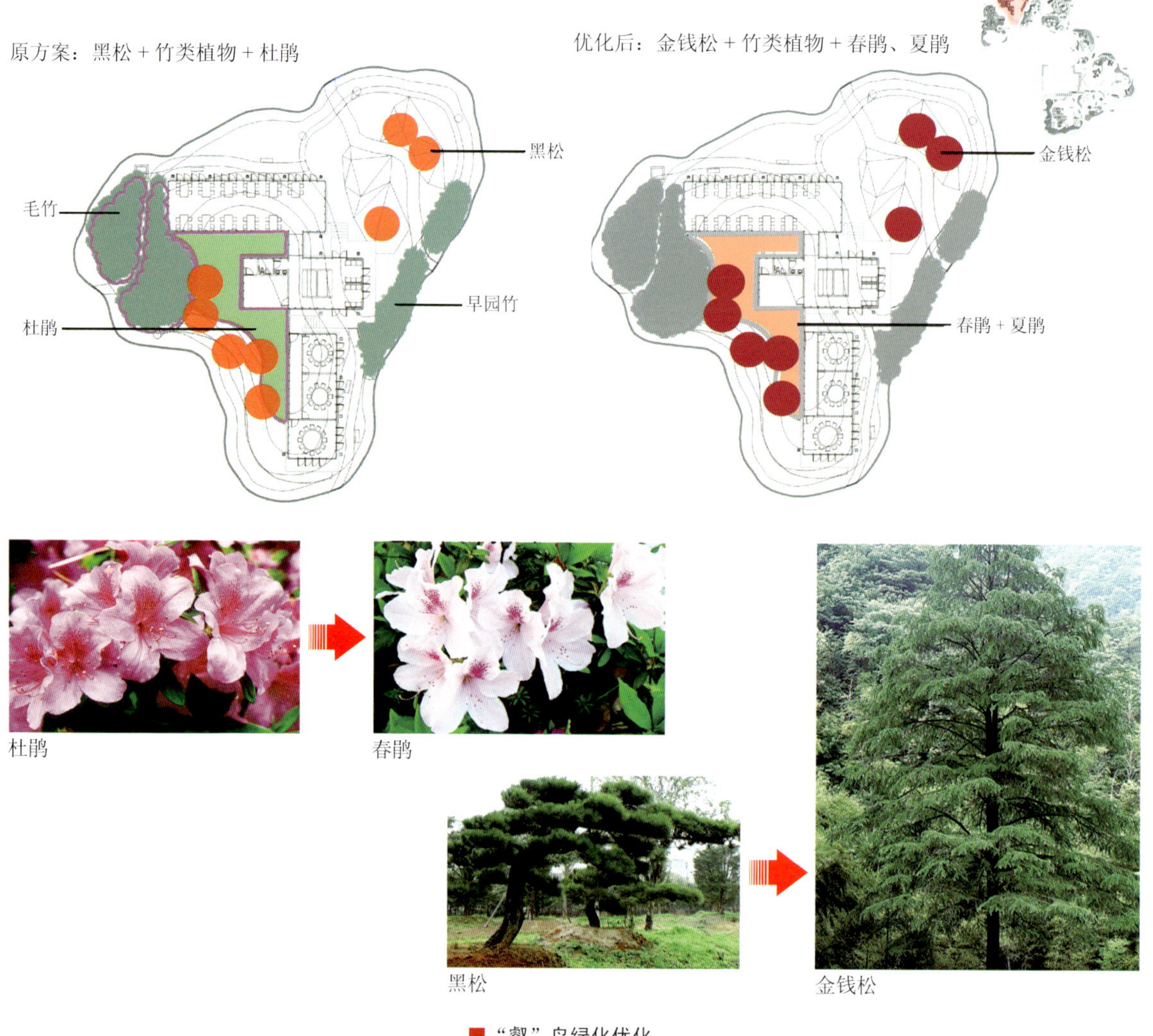

■ “壑”岛绿化优化

■ 1/3 “壑”岛实景照片

■ 2 “壑”岛景观效果图

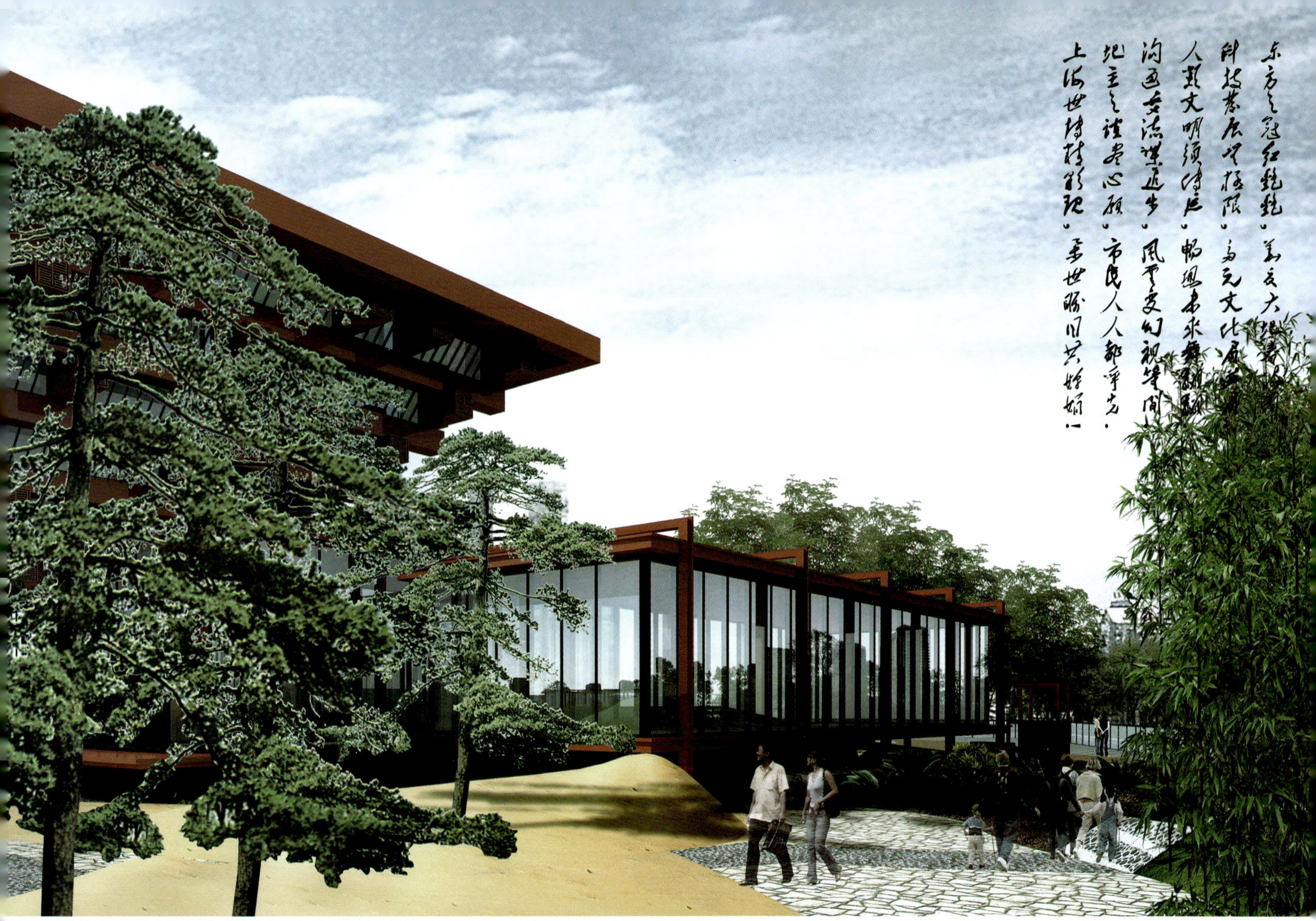
东方之冠红艳艳，华夏大
科技发展无极限，多元文化
人类文明须传承，畅想未来
沟通交流谋进步，风云变幻视等闲
地主之谊表心愿，市民人人都争先。
上海世博精彩现，举世瞩目共婷婷！

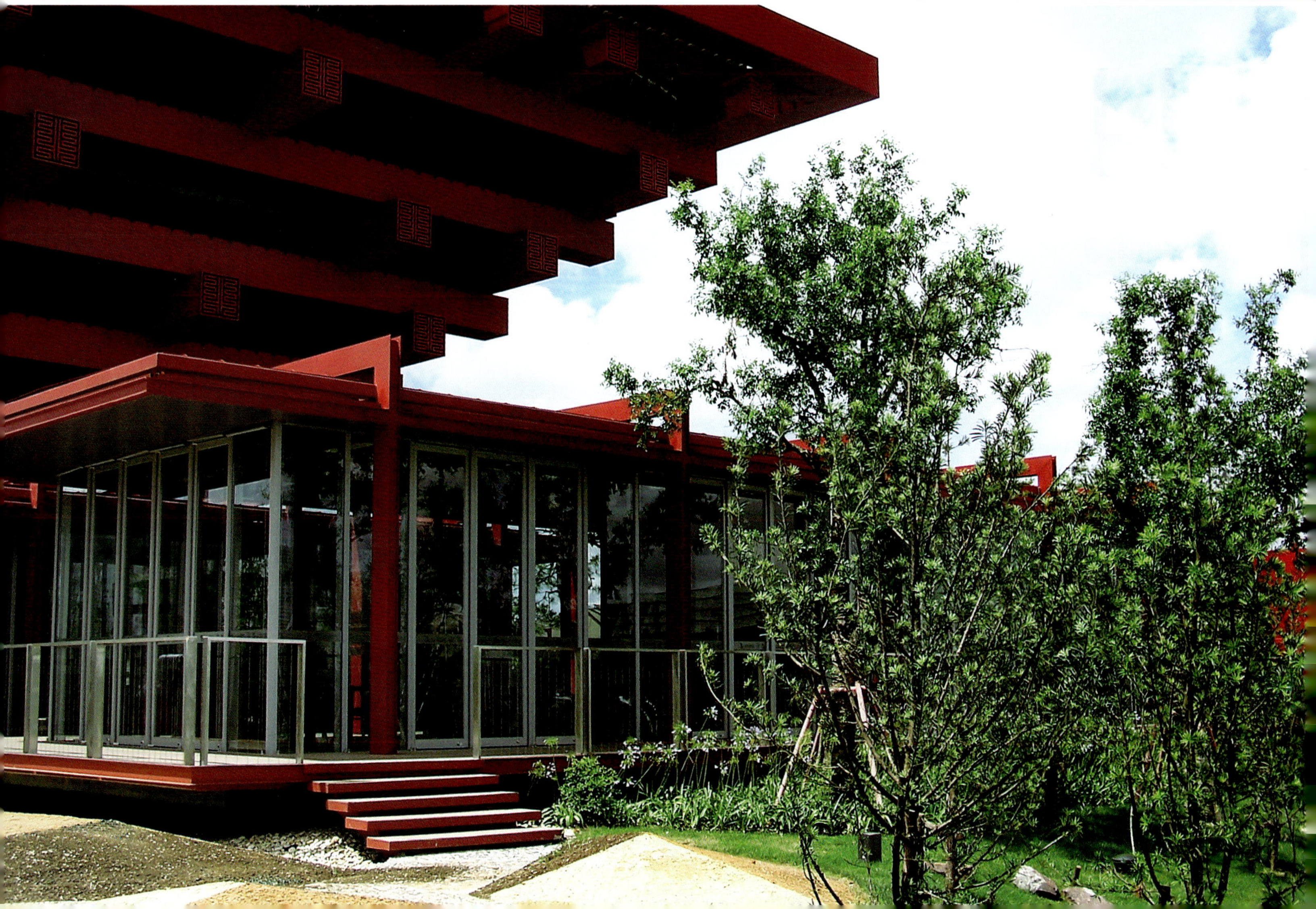

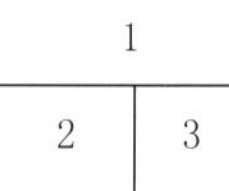

1~3 “壑”岛实景照片

8. “漠”

受地理位置、土壤、气候影响，将桂香柳优化为形态相似，并在上海成功引种的荒漠植物柽柳，并运用大紫薇桩，以充分体现苍劲有力的树干，和胡杨、柽柳共同表现戈壁沙漠植物的顽强。

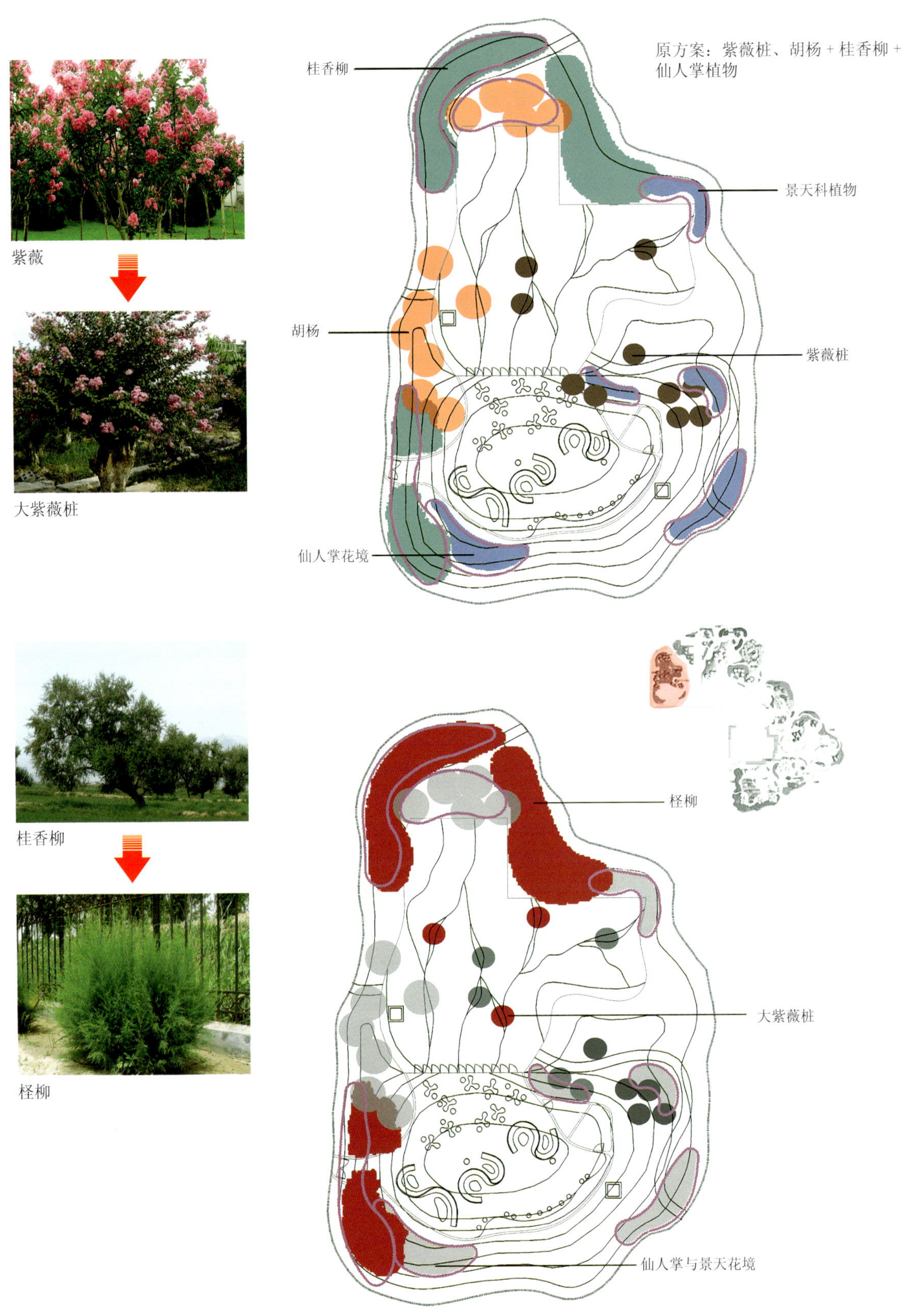

■ “漠”绿化优化

1
2

■ 1 “漠”效果图
■ 2 “漠”实景照片

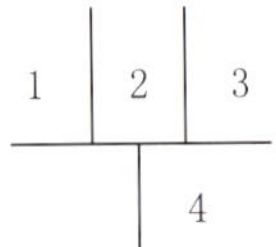

■ 1“漠”施工初期实景

■ 2~4“漠”竣工后实景

■ 植物优化前后数量统计对比

优化前			
背景植物	乔木、花灌木 340 株	前景花卉	
竹林群落 717 m^2	乔木 188 株	桂花	荷花
银杏群落 300 m^2	花灌木 152 株	菊花	梅花
草地群落 8,369 m^2		茶梅	兰花
		杜鹃	荷包牡丹
优化后			
背景植物	乔木、花灌木 349 株	前景花卉	
竹林群落 1,147 m^2	乔木 160 株	金桂	碗莲
银杏群落 300 m^2	花灌木 189 株	菊花	花梅
草地群落 11,470 m^2		茶梅	兰花
		春、夏鹃	荷包牡丹、芍药
		月季	

三、为确保各珍稀引进品种的成活，作特殊种植及养护

植物种植为迎合原设计方案理念，对胡杨、珙桐、水松、白皮松等珍稀引进品种进行专人种植及养护。

1. 各珍稀引进苗木为就近上海地区的移栽容器苗，在种植前把所需苗木移栽到培养池中进行 2~3 个月的养护培养，确定苗木成活后方可移栽。

2. 移栽过程中采用苗木和容器整体移动及种植，为确保苗木移栽成活，在此过程中不得更换或损坏容器。

3. 对种植苗木周边环境进行改造。首先土壤采用适合本品种生长的配制营养土，其次采用地形处理及辅助物遮挡以满足品种的供水、通风及光照要求。

4. 养护过程中，针对每棵苗木编制具体养护手册，现场派遣专业管理人员进行 24 h 监督管理。

水松

金钱松

珙桐

白皮松

胡杨

■ 珍稀 / 濒危 / 引进树种

树穴处理

硬质与软景交接处的处理

窨井处理

窨井处理

■ 技术细部处理意向

1.1.4 水雾系统优化

结合方案“新九州清晏”主题，在方案优化中，加入了喷雾的新概念，可使游人如临深山、回归自然、如入仙境，提高人文及自然景观的造景效果，为画龙点睛之笔。

同时景观雾化能极大的增加空气中负氧离子的含量，减少蚊蝇叮扰，极大地营造和改进景观环境。同时可以在周围形成一层轻纱状的云雾，减少空气中的灰尘及其他杂物。

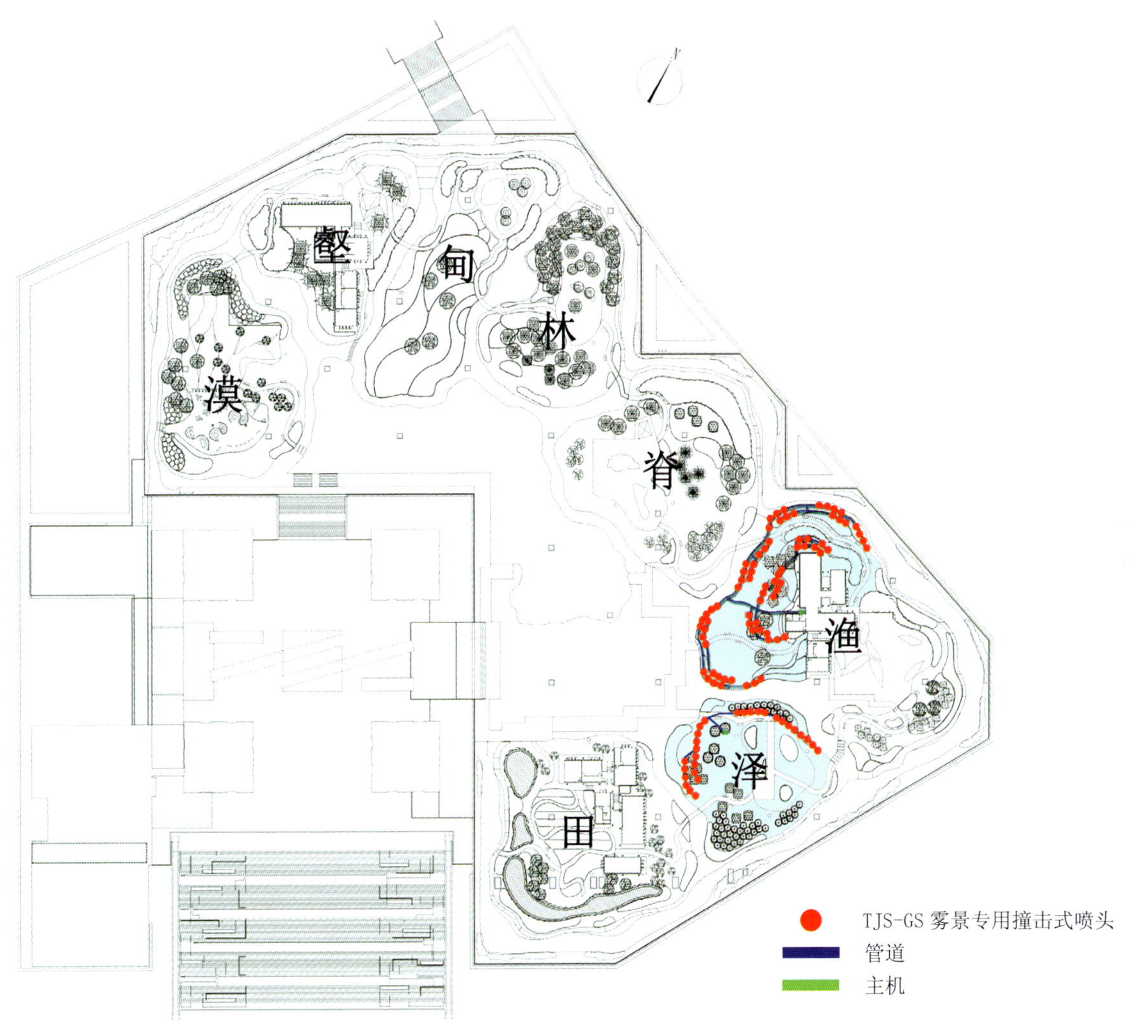

■ 喷雾优化分析图

■ 雾化效果

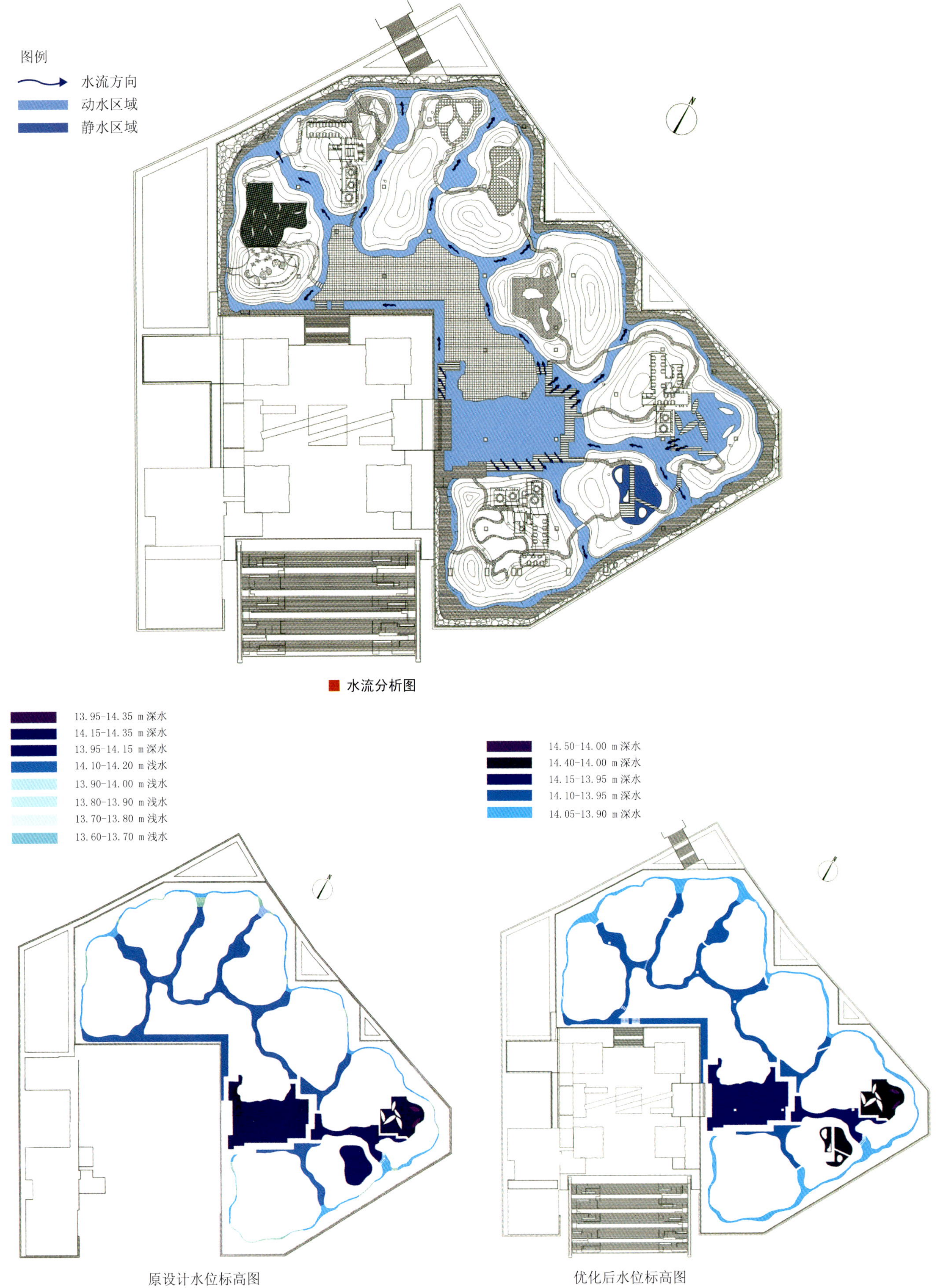

■ 水流分析图

■ 水系标高优化分析图

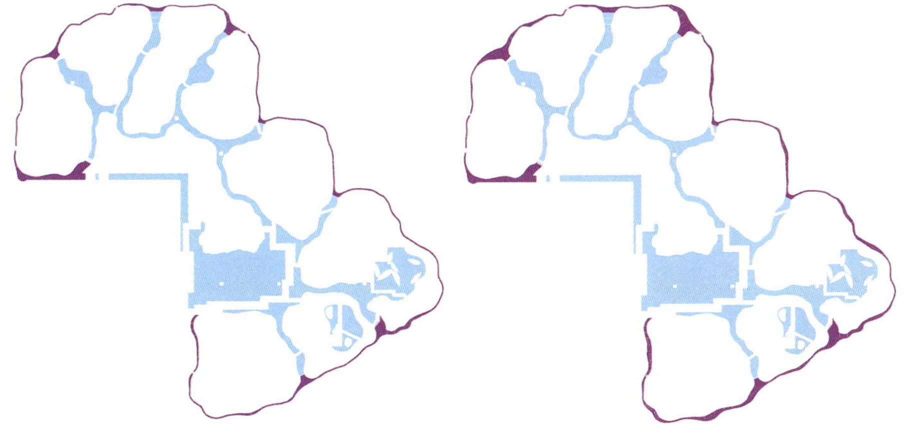

原有的水面　　　　　　　　优化后的水面

原有设计：最外围水域宽度大小基本一样，这使得与里面的自然水面和周边岛屿的衔接显得很不自然，也使得内、外景观不具有延续性，无法很好地相互渗透。

优化处理：把内水域与最外围水域衔接处及最外围的水面，通过开合有致的自然理水手法而连通。这样也可以很好的为外围道路营造出自然景观。

图例：

扩大的水域面积

原有的水域面积

■ 水域形状优化分析图

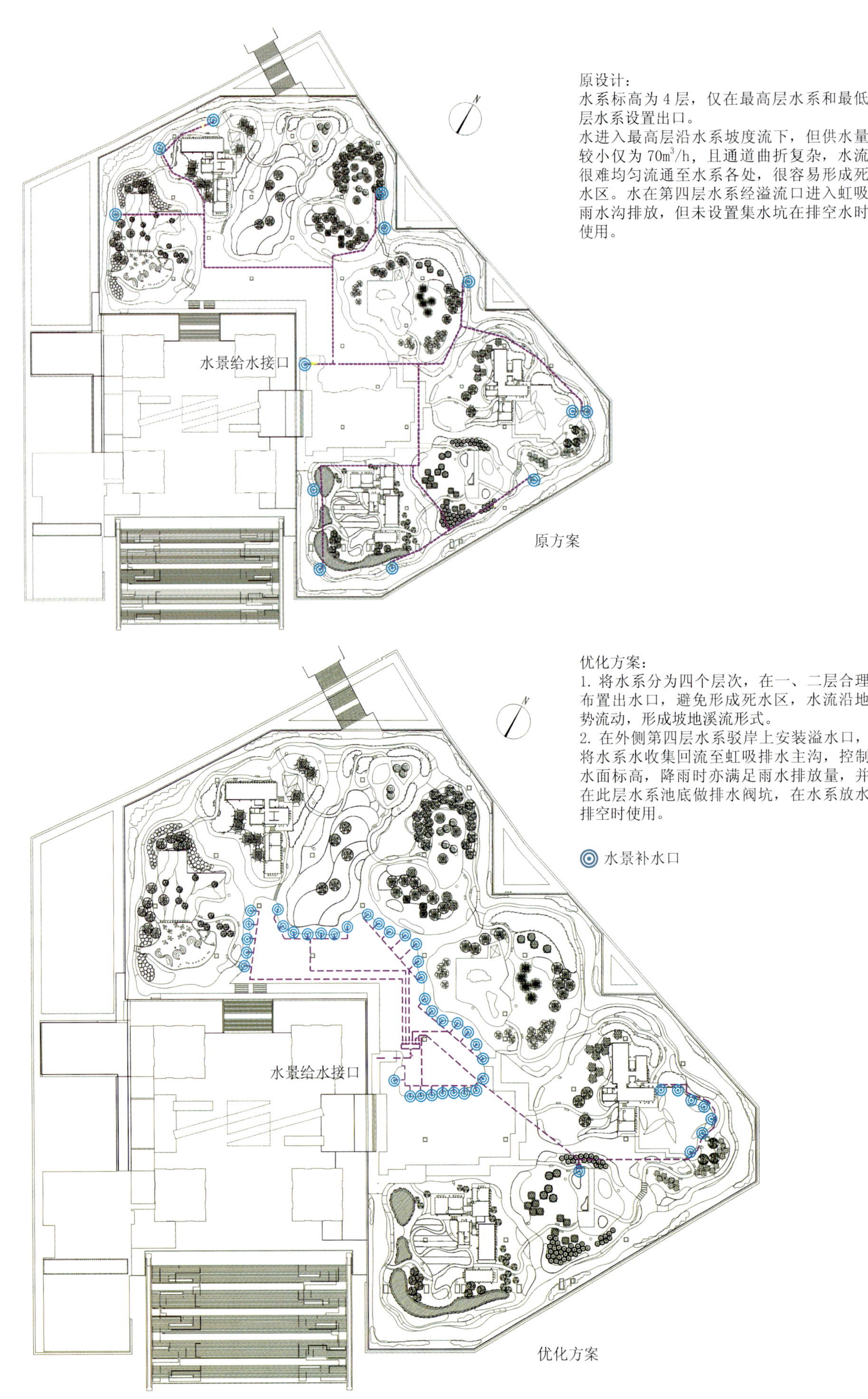
原设计：
水系标高为4层，仅在最高层水系和最低层水系设置出口。
水进入最高层沿水系坡度流下，但供水量较小仅为70m³/h，且通道曲折复杂，水流很难均匀流通至水系各处，很容易形成死水区。水在第四层水系经溢流口进入虹吸雨水沟排放，但未设置集水坑在排空水时使用。
水景给水接口
原方案
优化方案：
1. 将水系分为四个层次，在一、二层合理布置出水口，避免形成死水区，水流沿地势流动，形成坡地溪流形式。
2. 在外侧第四层水系驳岸上安装溢水口，将水系水收集回流至虹吸排水主沟，控制水面标高，降雨时亦满足雨水排放量，并在此层水系池底做排水阀坑，在水系放水排空时使用。
水景补水口
水景给水接口
优化方案

水景给水优化布置图

原方案浇灌系统在设计上存在洒水栓分布点较少且覆盖面较小，而且有浇灌死角等问题，不能有效地达到灌溉的效果。经过科学地计算以及对整个系统进行精心设计，在原方案基础上，整个区域采用中央控制系统方式，分12组进行轮灌，采用不同半径的喷头，根据地形不同调节半径及角度，覆盖各个不同的面。做到节水节能，又达到充分灌溉的目的，从而营造出优美的景观环境。

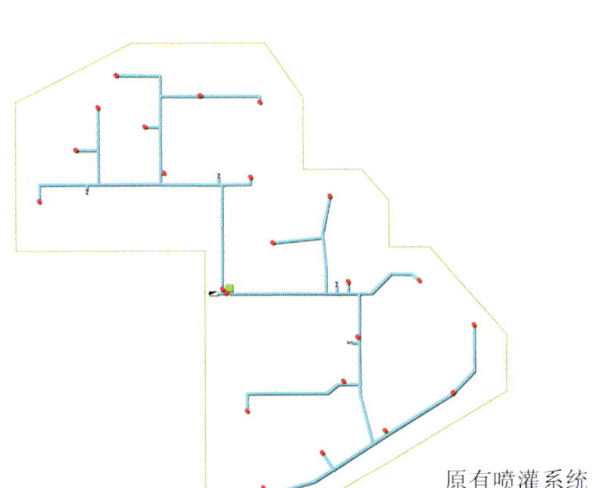

原有喷灌系统

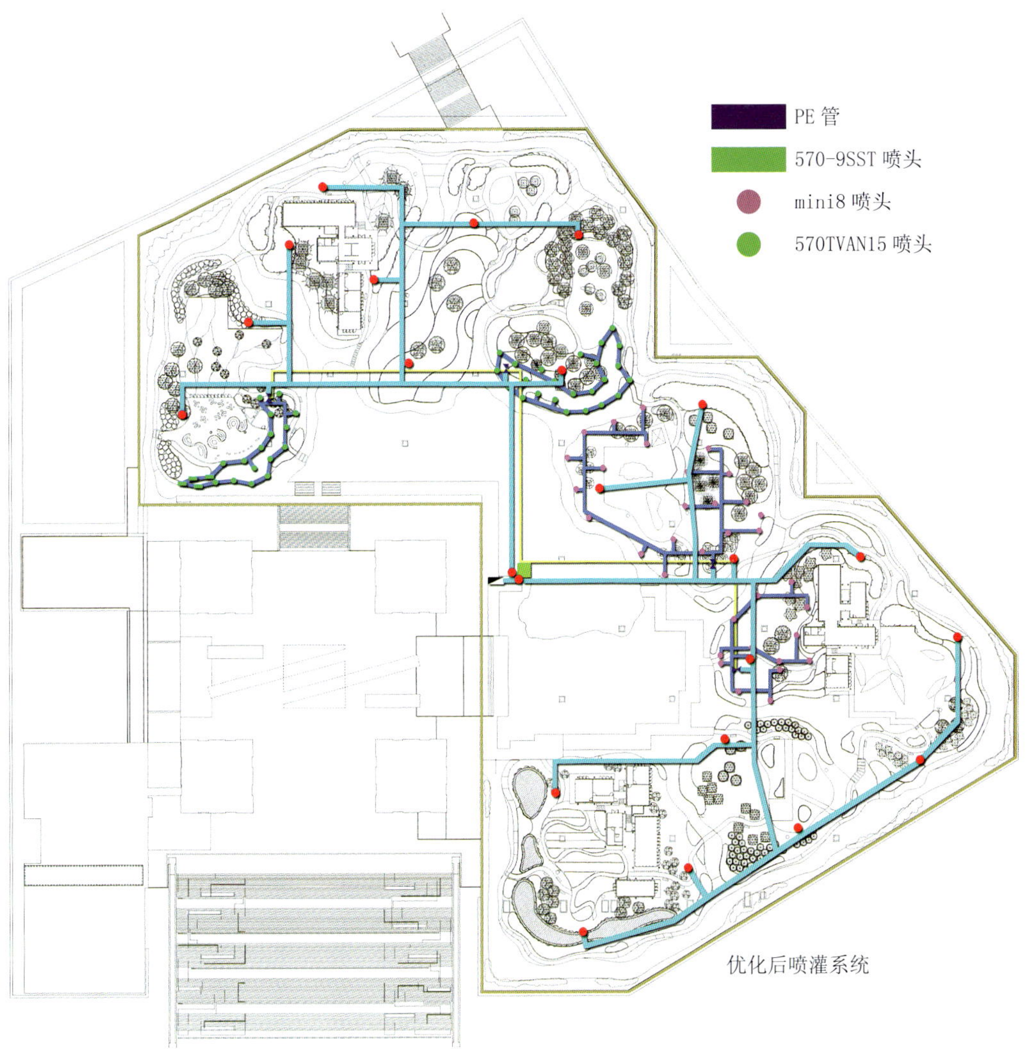

优化后喷灌系统

■ 喷灌系统分析图

1.1.5 灯光照明系统优化

灯光布置在整体照度不影响中国馆建筑照明的前提下进行设计，具体分为三个层次进行设计：首先最外围环绕木栈道考虑布置内向照射型步道照明，沿外围背景植物层设置照度不高的灌木、小乔木投射灯营造背景氛围，同时对地方馆周边不会产生大的光照。其次各岛上布置特色树种射树灯、草坪灯、步道灯，其中“甸”“林”处为突出花境与色叶树种，灯光色调采用暖色，而在“泽”与“渔”处则考虑到水景、水雾效果设置冷色系灯光，这样整体灯光效果就产生了冷暖节奏变化，丰富了夜景灯光效果。第三，在靠近中国馆建筑的水系和广场上，主要利用建筑灯光，并在水系边缘设置警示灯带。

原有灯光布置图

优化后灯光布置图

■ 景观灯光照明优化分析图（一）

原方案：在灯光布置上比较零散，不能较好体现八大岛上植物景观的特点，更不能体现夜景中屋顶花园的亮丽灯景。

优化方案：在综合应用各类照明手法的同时，注重主次结合，有突出的亮点，同时有含蓄的表达，避免兴奋点始终维持在一个水平上，在与整个景观环境格调的完美融合中，能够自然流露出戏剧化效果。

不同灯具的运用可以很好地表达出不同的动人效果，一张一弛的妙用，制造出宜人的环境氛围。做到因树制宜和因地制宜是成功的关键，同时处理好景观照明中重点照明、环境照明、工作照明之间的关系。尽量采用隐蔽式的灯具，避免破坏整体景观的原有风格，达到见光不见灯的效果。照明除了要进行自身功能和景观上的照明表现外，还要将本次世博会“生态世博”的理念在夜景照明中体现出来，充分展现中国夜景照明科技的最高成就。

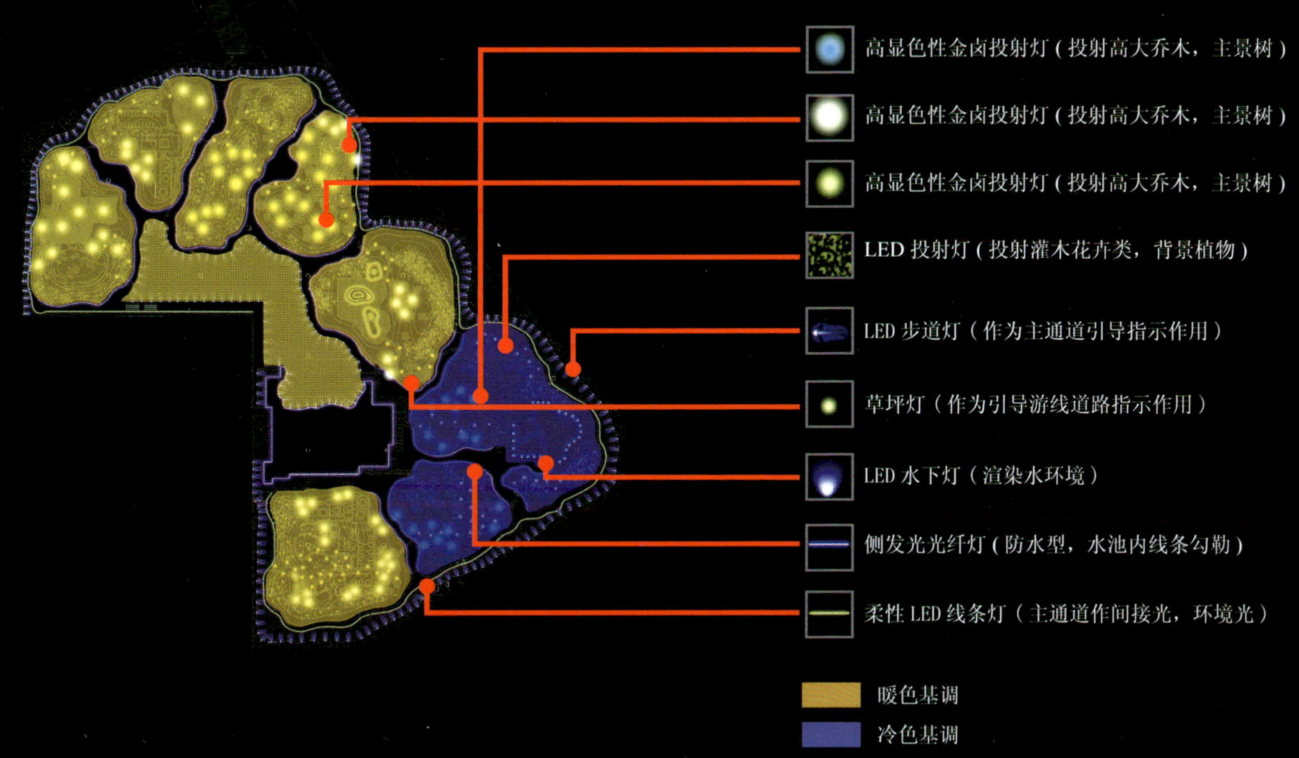

■ 景观灯光照明优化分析图（二）

■ 景观灯光照明意向图

1.1.6 技术性优化

一、绿色环保型无土草坪优点

绿色环保型无土草坪是目前国内外先进的栽培技术和理念，是具有前瞻性的环保科技产品。

1. 抗病虫害

由于土壤本身就携带病菌，故有土草皮病虫害较多，尤其是在高温高湿的夏天，而无土草坪由于前期的培植床已消毒灭菌，故无病虫害。

2. 无杂草

有土草皮后期养护最大的费用是除杂草，因为除杂草只能是人工一根一根地拔。但无土草坪一旦铺在公园、小区、足球场、高尔夫球场上，由于无土草坪营养基是一层厚达 l cm 的培植床，而培植床的降解至少需要 2~3 年，所以培植床底下的杂草就会被捂而死掉。

3. 绿期长

以冷季型草“早熟禾”为例，有土草坪的“早熟禾”绿期为 280 天左右，而无土草坪的“早熟禾”绿期为 320 天左右。

4. 景观好

有土草皮经常有秃斑、病死、枯萎等现象，整体景观不好。而无土草坪整齐划一，就像一块绿色的地毯。

5. 节能环保，不破坏国土资源

有土草皮的绿化是以破坏良田为代价的，吃的是“子孙饭”，是一种短期行为。如果按草皮卷土层厚度 3 cm 计算，6.7×10^7 m^2 耕地种一茬草就被挖走土壤 200,000 m^3，而且这些土壤都是养分丰富的“熟土”，这样一层层剥去，种不了几茬草大片良田将变成盐碱低洼地，土壤出现沙化，国土资源严重流失，生态环境逐渐遭到破坏。

传统绿化在施工中

一个月后板结、泥土流失

两个月后塌方、草坪死亡

■ 传统绿化方法造成的大量泥土流失使生态受到严重的破坏

修复中

修复后

修复后

■ 无土草坪对生态进行修复

二、轻型绿化无机介质技术应用的优势

轻质轻型屋顶绿化适宜于对承重条件要求苛刻的建筑物屋顶，对栽培基质重量有着严格的要求。自然土壤容重一般都在 1.0g/cm^3 以上，不宜用于轻型屋顶绿化，适合于轻型屋顶绿化的栽培基质风干和饱和水状态下容重分别在 0.5g/cm^3、0.8g/cm^3 左右。

1. 薄层

在屋顶实施绿化，通过尽可能的降低种植层厚度无疑是非常有效的减轻负重措施，如德国著名的 FLL(景观设计与园林建筑研究会)标准中所指轻型屋顶绿化，倾向于种植层 10 cm 以下降低生长层的厚度，这样必然会降低其保水性、养分供应能力、温度调节能力、减少根系穿透层等植物生长必需的介质条件，为了解决这个问题，对栽培基质本身的物理、化学特性需要有严格的要求。

2. 稳定

轻型屋顶绿化完成施工后，其寿命一般为 5 ~ 20年。

影响屋顶绿化寿命的主要是建造材料质量、施工工艺及植物特性，其中生长介质性质长期稳定是关键因素。屋顶绿化一旦建成，大幅度更换生长介质的难度将会很大。要求基质物理结构、酸碱度、养分供应等稳定性要长久。劣质的屋顶绿化栽培基质在使用不长的时间里，由于材料的破碎或降解，结构性会发生很大变化，养分释放和酸碱度环境也会随植物根系吸收和分泌作用发生剧烈变化。但是屋顶绿化中植物生长介质的稳定性是一个动态的，其调控方式不仅包括原材料的选择和工艺技术，也包括对植物本身新陈代谢所发生的物质能量循环利用。

3. 环保

屋顶绿化过去的人工栽培基质原料大部分是选自天然无机矿物和天然有机材料，随着矿产资源的日益匮乏和栽培基质产业的本身发展，对工农业废弃物进行资源化再利用是栽培基质发展的重要趋势。屋顶绿化基质要求要选择清洁材料和无害化工艺，能控制病虫害，具有抗风吹、雨水冲刷能力，要做到基质不会对环境造成污染。

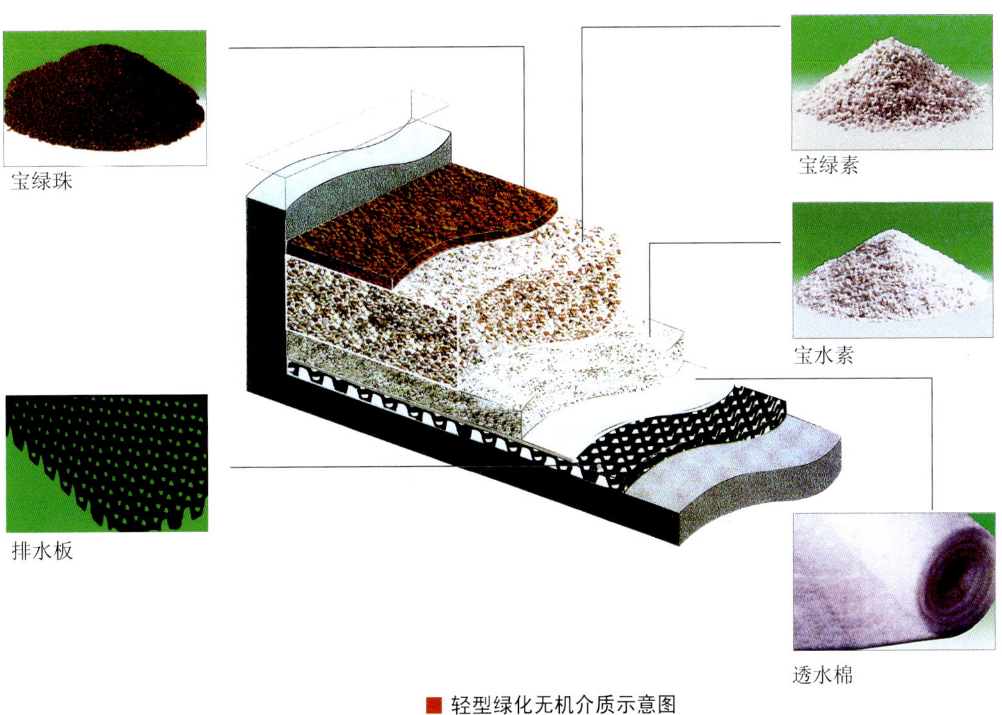

■ 轻型绿化无机介质示意图

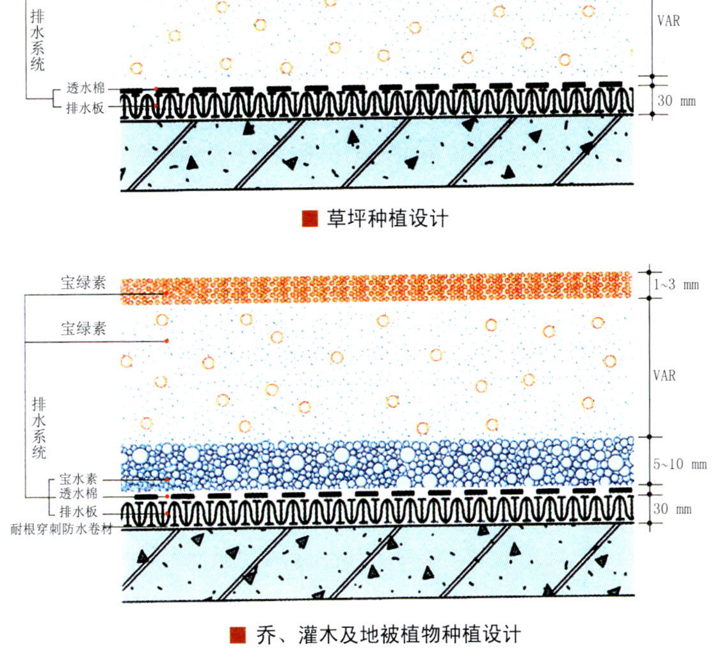

■ 草坪种植设计

■ 乔、灌木及地被植物种植设计

三、防倒伏技术措施的应用

1. 该产品由厂家定制，以高强度不锈钢材料为主，其质量和性能需经过检测符合国家标准后采用，由厂家负责指导施工，确保质量。

2. 种植图中所设计乔木均需采用乔木地下支撑构件。

3. 凡图纸及说明未详之处，均严格按照国家现行规范规定执行。

乔木地下支持构件照片

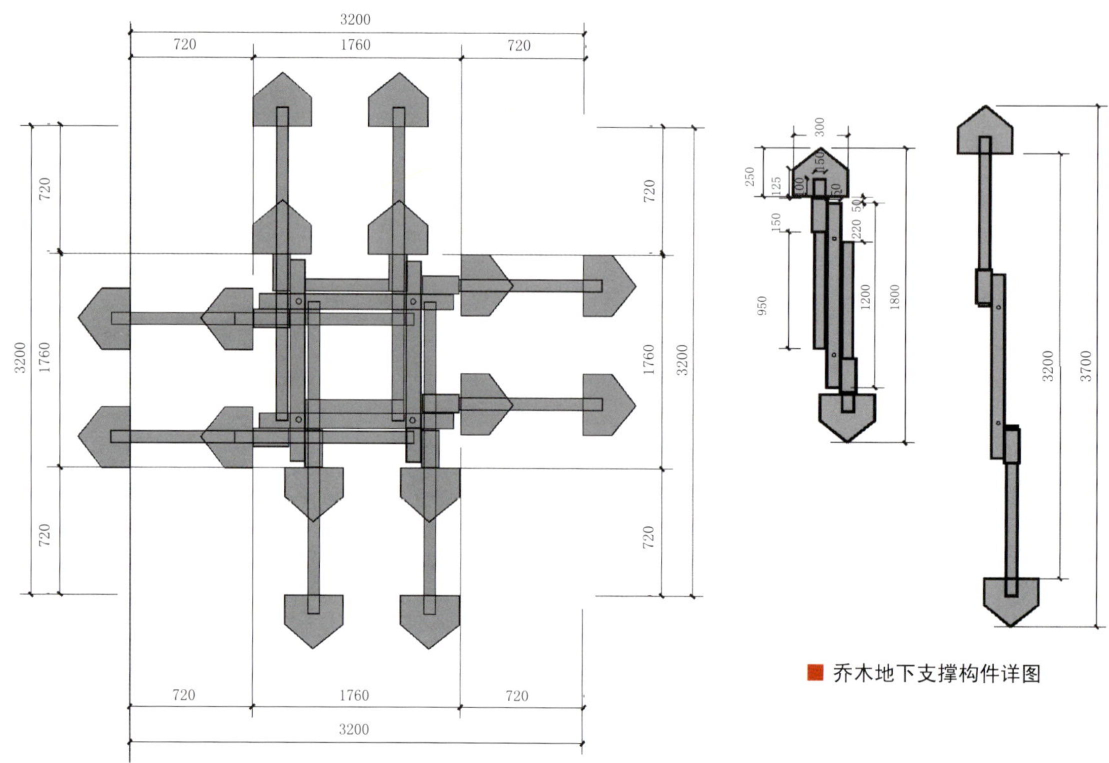

乔木地下支持构件平面

乔木地下支撑构件详图

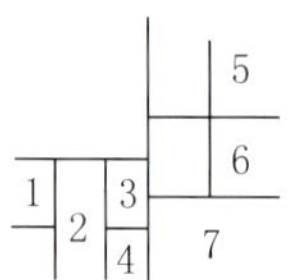

1-4 施工过程实景

5 大型机械在屋顶施工

6 用填充板造型，减轻土的重量

7 用传送带将土运输到位

1.1.7 中国馆屋顶花园施工技术措施

根据设计施工图，先在屋顶做第一次初级放线，明确水池方位、园路、建筑物位置、造型土方位置，用以确定整个屋顶花园的施工思路。思路如下：

第一步为：建筑物，水池；

第二步为：土方回填；

第三步为：园路基础，建筑装饰；

第四步为：绿化乔灌木种植；

第五步为：园路装饰；

第六步为：地被、草坪种植。

我们妥善解决了施工中的重点及难点。

1. EPS 填充板

造型土方的位置，在造型回填土标高比较高的地方先放下填充板，满足以下几个条件，满足乔木种植区域土方厚度达到 1.5 m，灌木满足 0.8 m，地被、草坪满足 0.3 m。

2. 排水组合板

回填土方的位置，在满足各类型的绿化苗木需求的土方厚度前提下，放置填充板后，再铺上排水组合板，并在排水组合板上铺无纺布，土方下水经由排水组合板导向屋面天沟，再导向虹吸口，由建筑内管排掉，解决土层下部的排水，避免今后的苗木根部的积水问题，保证绿化的苗木成活率。

3. 土方回填

在填充板、排水组合板都铺放完成之后，开始回填土方、造型。

土方运输由土方车外运到中国馆不影响各单位施工区域。在屋顶花园顶上，翻边之内，靠近翻边区域

每隔 50 m 架设一套井架，通过井架将土方装在劳动车里，往屋顶面运输，保证劳动车在上吊运输的过程中不会因为摇晃而碰撞到外墙装饰铝板，同时用彩条布遮挡起总包单位已经完成的铝板，然后在屋顶平面通过人工驳运、平整、分区分段、井架配合劳动车的方式完成土方的垂直运输。

4. 乔木种植

在造型土回填完成后，进行第二次放线，确定各乔木位置，然后根据乔木及所带土球大小，以确定乔木底支架的大小，来确定挖坑的大小和位置。然后将乔木土球和支架用扎带绑在一起放下树穴。

5. 钢结构的吊装

考虑到刚结构的钢材断面都比较小，因此加工好的材料设备可以通过井架吊上屋顶，然后用三角架的轱辘，对材料进行吊装。

6. 水池边地被、灌木的无土种植

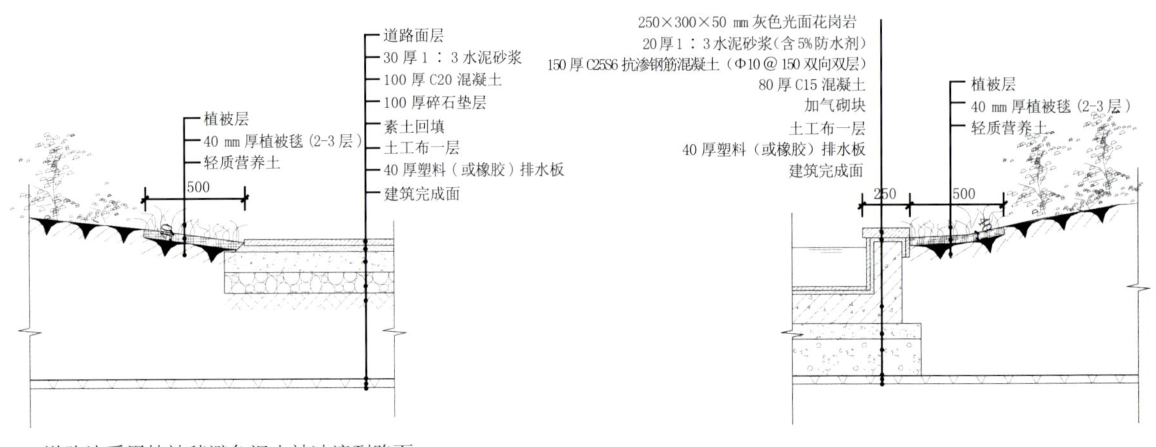

道路边采用植被毯避免泥土被冲流到路面
（水池边采用植被毯避免泥土被冲流到水池里，污染水池。）

■ 水池边地被、灌木的无土种植

7. 水生植物种植

因为水池底较浅，并且无种植土，因此采用器皿种植碗莲。

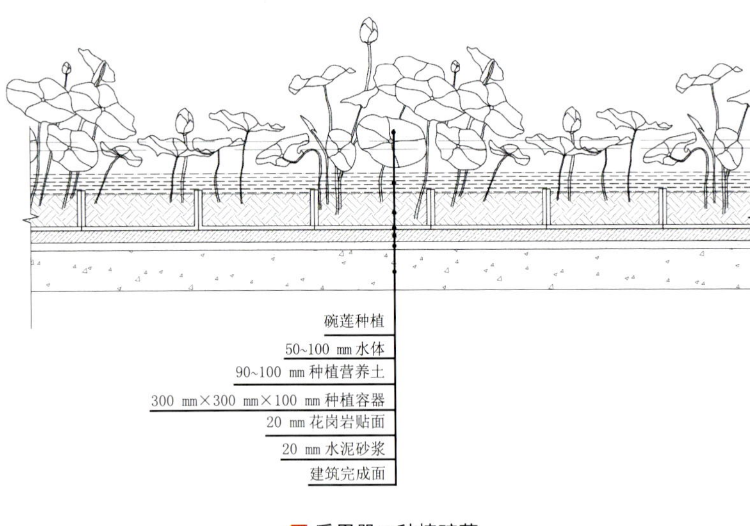

■ 采用器皿种植碗莲

至此我们对中国馆屋顶花园的设计、建造有了一个较全面的了解，它创造了历史上五个第一：屋顶花园单体面积第一，屋顶花园水体面积第一，大机械、大设备运用第一，大树成林第一，建设速度、工程质量第一。

同时中国馆屋顶花园的建成，带来的益处如下，降低了土地成本 40 亿元人民币，使国家馆室内温度下降 5~7℃，节省空调用电量 50%，雨水收集利用系统用于园林浇灌、冲厕、洗车等。

下面以官天一先生拍摄的中国馆作为本章的结尾。

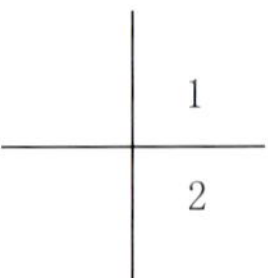

■ 1/2 官天一先生拍摄的中国馆

中国馆“空中花园”

1.2 新加坡馆屋顶花园

站在卢浦大桥上，世博园里新加坡馆这只银色盒子及其上面的花园依然清晰可见，它提醒人们居住在花园城市中的美好。参观者走进其中可以成为一个音乐顽童，发现幸福城市中的奥妙，更可以徜徉于“空中花园”里，感受花园城市的美好。步入二楼的圆形剧场，将发现这里演奏着一部“花园回旋曲”。新加坡馆的主要承重结构是四根柱子，顶上设置了一个美伦美幻的屋顶花园，设计师陈家毅说：“除了水与花园之外，还有其他什么事物能体现新加坡与自然的亲近感呢？”在葱郁的草木掩映之下，在这个静谧的“空中花园”里，棕榈、蝎尾蕉、天南星、蕨类等特色热带植物构成了花园的独特背景，20 余种新加坡国花——胡姬花（即万代兰 Vanda sp.）点缀其中，争奇斗艳。花园特设喷雾和灌溉系统，丝丝水雾伴随着悠扬的音乐、芬芳的花香，分布在游客的周围。

在这个缤纷的花园中，最引人关注的无疑是新加坡特别为本届世博会培育的新品种花卉“新沪交响曲”，这也是新加坡第一次为国际性活动培育新的兰花新品种。该品种以翡翠色和金色为主色，叶脉呈平行状，精致而优雅，象征着新加坡和上海两座城市的繁荣之美，也是中新两国 20 年深厚友谊的生动见证。然而，这些兰花从新加坡空运入沪，却对这里的气候状况“水土不服”，很快就凋谢，为此每隔四五周，就需要更换一批新的兰花。

新加坡馆顶层的屋顶花园，能够有效降低热能，尤其促进连接顶层和二层的缓坡的空气流通。此外，展馆的底层特设冷水池，有效输出这里的热空气。同时，馆外的音乐广场也将在炎热的夏天为人们带来阵阵凉爽。

新家坡馆屋顶花园设计师：徐明辉 （新加坡籍）

获奖：世界屋顶花园杰出设计奖

2010 年 8 月 12 日新加坡馆馆长梁诗琪女士邀请世界屋顶绿化协会专家参观新加坡馆“空中花园”，为中新两国屋顶绿化行业交流拉开了序幕，促成中国代表团赴新加坡参加世界屋顶绿化大会。

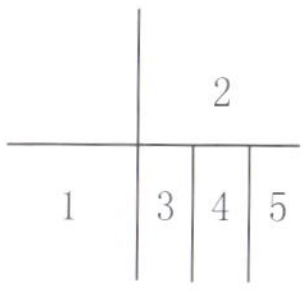

■ 1 新加坡馆全景

■ 2 遍布整座屋顶花园的网罩体系，遮挡阳光，并缓冲直接冲击下来的雨水。并借助网罩安装喷雾灌溉系。

■ 3 /5 用枝条编成的排气孔外罩，既古朴，又便于攀藤植物攀爬，照片中示攀援灌木——使君子（Quisqualis indica）。

■ 4 幽静甜美的花园沐浴在春日和煦的阳光里，繁花绿树、羊肠小径，都给人一种安详和谐的美感。

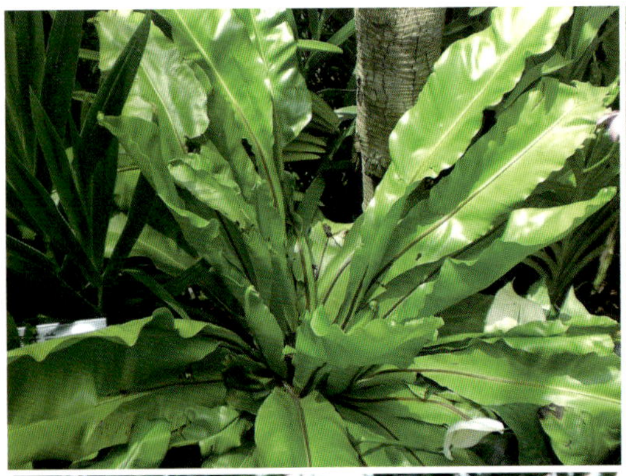

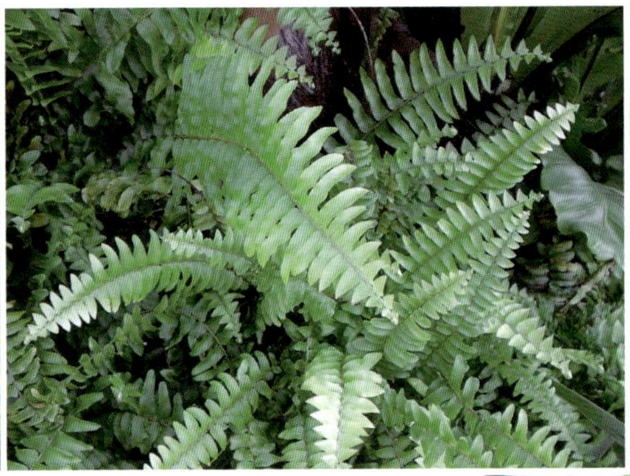

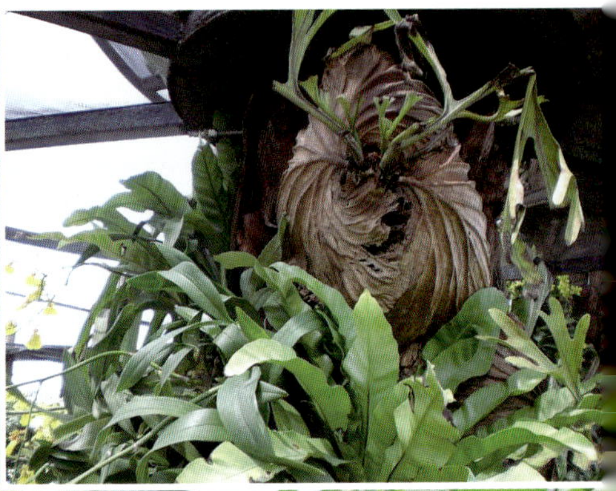

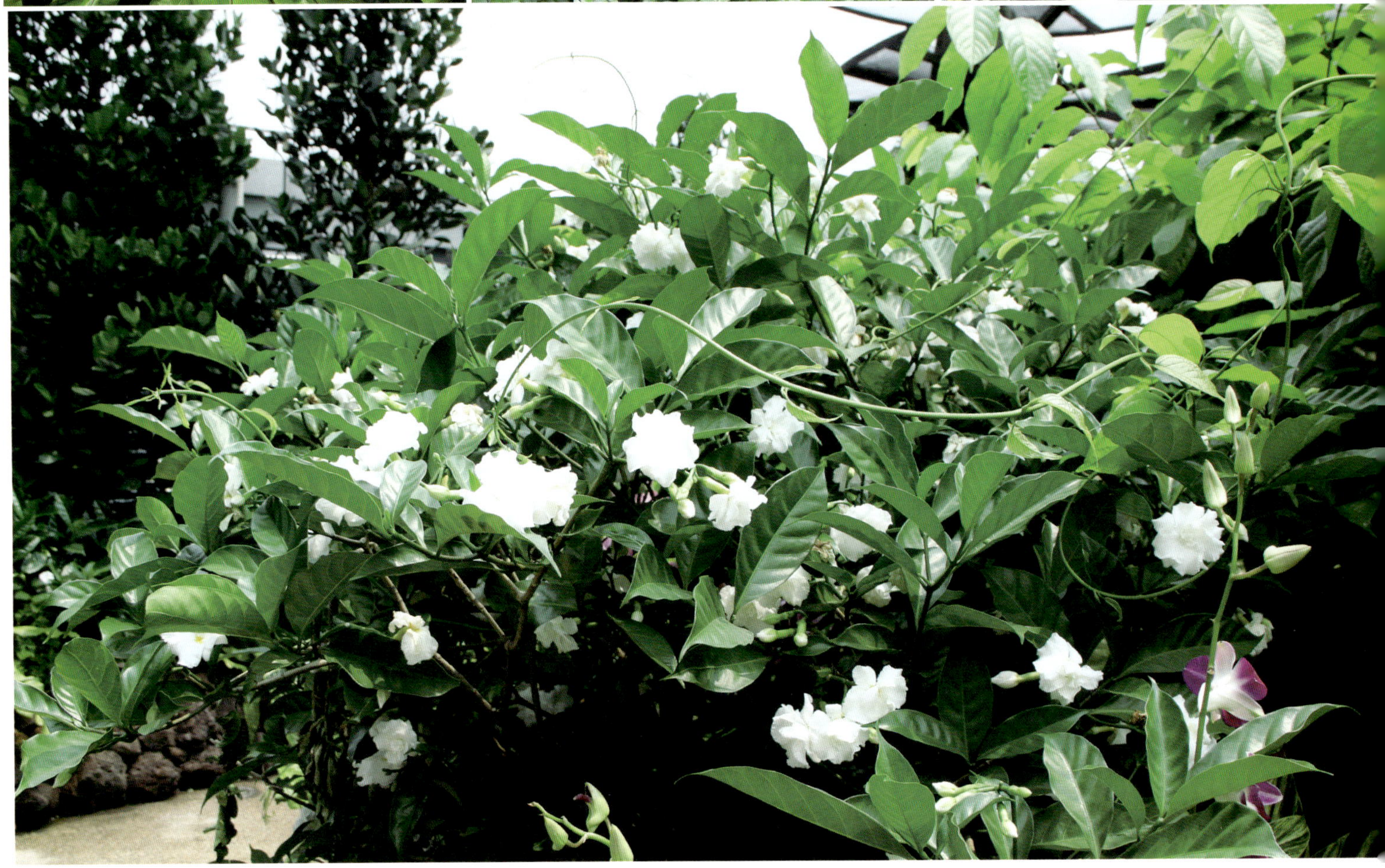

■ 1 中型附生蕨类——鸟巢蕨（Neottopteris sp.），株形丰满，叶色葱绿光亮，整体形态潇洒大方、野味浓郁。

■ 2 肾蕨（Nephrolepis auriculata），叶色淡绿且具光泽，叶片展开后下垂，十分优雅，丰满的株形富有生气和美感。

■ 3 附生蕨类——鹿角蕨（Platycerium sp.），孢子叶形似鹿角，飘逸潇洒，富有自然情趣。

■ 4 狗牙花(Ervatamia divaricatacv Gouyahua)，枝叶密生、株形整齐。

■ 5/7 新加坡国花胡姬花（即万代兰 Vanda sp.），幽静甜美、高雅迷人。

■ 6 新沪交响曲

■ 8 跳舞兰（Oncidium luridum），又名文心兰、舞女兰，植株轻巧、潇洒，花茎轻盈下垂，花朵奇异可爱，形似飞翔的金蝶，极富动感，分外妖娆。

幽静甜美的花园沐浴在春日和煦的阳光里，繁花绿树、羊肠小径，都给人一种安详和谐的美感。

1.3 新西兰馆斜坡屋顶花园

新西兰馆屋顶花园也是很成功的，这个案例值得所有设计师、工程师借鉴。

新西兰馆的主题是“自然之城，生活在天与地之间”。故事从一个凉棚说起，凉棚始于一条欢迎走廊。建筑设计师布莱尔（Blair）想让“参观者真实的体验新西兰城市和大自然”。进入展馆之后，可以沿着一条弯弯曲曲的斜坡，渐渐往上走，新西兰的风景、森林、海洋、山脉、城市和人……将会一点点展现在游人眼前。最后，人们将会走上屋顶，这里布莱尔为景观设计师提供了一个大舞台。

1. 植物为王

初识新西兰馆的景观设计师 Kim 和 Tina 是在 2008 年的冬季，当时新西兰屋顶景观的概念性设计刚刚完成。因为气候的原因，初来乍到的设计师对上海的植物仅进行了初步的了解。2009 年 5 月，设计师再次来到中国，前往上海、杭州以及广州的苗木市场进行调研，挑选出了符合景观设计方案的国内植物。

国内植物仅仅是设计方案中的一小部分，多数是习性各异的新西兰本土植物，尤其是展现新西兰本土

风貌的特色植物——银蕨。为了给银蕨创造更好的生长环境，设计师在蕨类种植区域设计增加了遮阳网、喷雾系统和夜间降温设施，以确保银蕨应对上海世博会期间高湿、多雨、高温等恶劣的天气。

2009 年 10 月，屋顶绿化的植物清单最终确定，并进入实施阶段。引种的植物也开始陆续从新西兰发往中国，这些植物从炎炎夏日的南半球一到上海就要经受北半球的寒冷冬季，项目组的设计师、园艺师们着实捏了把汗。不过，具有丰富国外苗圃引种试种经验的上海欧珀尔园艺有限公司早已做好了充足的准备，迎接漂洋过海而来的植物；而作为新西兰馆景观施工方的碧意轩园艺公司也安排了专业团队。最后，通过各方的协作努力，这些“洋”植物很快适应了上海的气候，安心地定居，在温暖的大棚里不断抽出新叶，发出嫩芽。

2. 设计理念

在新西兰，花园是人们日常生活中非常重要的场所。家家户户的花园一个挨着一个，形成了别具一格的景观。

新西兰馆使用了斜坡花园的形式，表现他们非同一般的风貌。花园分为八大区域包括冈瓦纳古区、高山区、森林区、热湖区、牧场区、城市生活区、南太平洋圣地区和海岸区。依据斜坡屋顶的特点，从高处到低处依次展现“从高山到海洋”的景观设计理念。

去过新西兰旅游或者看过好莱坞大片《魔戒》《金刚》的人，在参观新西兰馆的时候一定会有似曾相识的感觉，因为景观设计师 Kim 就是电影《金刚》的绿色植物布景大师。Kim 为了让施工人员在施工中更好地理解设计理念，不厌其烦地展示新西兰各地拍摄的照片。看过照片后，大家才明白，原来每个景观区域在新西兰都是真实存在的。

新西兰馆前那棵巨大的开满红花的新西兰圣诞树肯定让人记忆犹新。它在南半球的夏季、圣诞节时开花，被称为新西兰圣诞树。这是新西兰独有的树种，属于桃金娘科，毛利人给它取了个土名叫 pohutukawa。在新西兰国家的海岸区域有很多如此巨大的圣诞树，在炎炎夏季圣诞节期间满树开满红花。Kim 说：“在

花园里出现的那棵树，其原型有 400 岁了。我们无法将这样一棵大树从新西兰运来，并保证它成活。毕竟这棵树对于我们国民来说非常重要。”后来在新西兰仿造了这棵树的树干和主要的枝杈，花和叶则是在中国定制的。虽然如此，这棵圣诞树还是让很多的游客迷惑了一番，纷纷走近细看，越发增添了新西兰馆的人气。

师法自然是中国古典园林的造园艺术特色，新西兰的设计师深得其道，将整个新西兰国家不同区域的自然景观浓缩在 1500 m^2 左右的斜坡屋顶花园里，展现了新西兰独具魅力的自然景观。

3. 合作，为了一个共同的花园

新西兰馆屋顶所用的植物几乎全是容器种植和营养垫种植，并且容器种植苗多为大型蕨类植物。如何在不破坏屋面防水结构的情况下，将重达 200 kg 的盆器牢牢地固定在斜坡的屋顶上，成了一道施工难题。根据现场的实际情况，经过施工项目经理和设计师的共同探讨，最终采用了以木条将所有盆器整体固定的方法，取得了很好的效果。

另外一道施工难题是新西兰馆屋顶的牧场区。其地形犹如一个小山包，有些区域坡度很大，并且设计师为了营造新西兰真实的牧场景观，围绕整个地形从底部用泡沫每间隔 50 cm 左右喷射成圈状，模拟羊群在山坡上踩踏出的小道。如何才能将种植在营养垫上的百慕大草坪铺在牧场区？园艺师们和设计团队的施工人员一起琢磨、一起试验、一起施工，经过两天不懈的努力，终于攻克了这道难关，将这块牧场最真实的一面展现了出来。

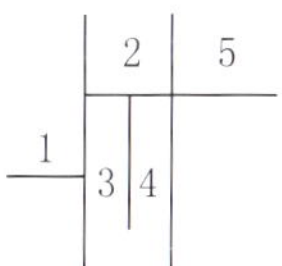

■ 1/3/4 各种蔬菜应用于屋顶绿化，既美观又实用

■ 2 斜坡状的屋顶花园

■ 5 凤梨科植物、变叶木（Codiaeum sp.）及多种有色观赏草，组成色彩斑斓的画面。

其实，相比一些有形的困难，一些理念贯彻上的难题更不易解决。在与设计师的沟通当中，了解到了许多别具一格的设计理念，但如果要将这种理念最大限度地展示出来，就要将深植我们脑海中的种植模式打破。工人们自认为种植得很漂亮的植物，设计师看了直摇头，拔掉重栽，就这样一遍又一遍，终于两个处于不同位置的团队通过磨合达到默契。

经过一个多月的努力工作，在中外施工人员的通力合作下，新西兰馆的屋顶终于一点一滴地披上绿装，像一个新生婴儿般呱呱坠地了。

4. 花园守护神

新西兰馆景观施工结束后，设计师就说你们要和我们的花园守护神（Kaitiaki）一起，将这个婴儿养育六个月。"三分种，七分养"，我们都熟知养护的重要性。每天凌晨四五点碧意轩的工作人员就开始对新西兰馆进行日常的养护工作，确保在世博园开园之日将最美的新西兰花园展现在世界各地的游客面前。

低碳、环保是本届世博会倡导的理念，如何做到景观的有机养护是重大课题。在新西兰馆的养护期间，坚持使用有机肥、环保杀菌剂和杀虫剂，尽力为游客创造健康、友好的参观环境。

5. 他山之石

他山之石，可以攻玉，在与新西兰的设计、施工团队合作的一年多时间里，作为园艺师，笔者深切地体会到，新西兰的园林技术确实有许多值得国内园林人借鉴之处。

6. 注重现场施工

国内的绿化景观项目，设计和施工存在不同程度的脱节。在施工期间设计师可能都没有去过现场，施工人员只是根据图纸施工。在新西兰馆绿化施工期间，设计师一直和施工团队保持密切联系，会不断根据到场的苗木情况调整种植方案，力求做到每一株植物都种植在合适的位置，达到最佳的景观效果。

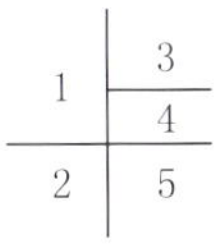

■ 1 凤梨科植物、变叶木（Codiaeum sp.）及多种有色观赏草，组成色彩斑斓的画面。

■ 2 斜坡状的屋顶花园，栽上多种观赏草，颇具野趣。

■ 3 荚蒾属（Viburnum sp.）植物，四季常青。

■ 4 热情如火的 Pohutukawa 圣诞树及翠绿的景观无一不展现了新西兰独特的自然风貌和美景。

■ 5 鸢尾（Iris sp.）、千年木（Dracaena sp.）、孔雀木（Dizygotheca elegantissma）、泽米铁（Zamia sp.）等植物不同的株形、叶形、叶色，加强了画面的观赏性。

7. 注重细节

在景观施工期间，苗木的包扎、搬运，都要事先演练，避免运输时损坏植物。花园里的每一个盆器，都要完全遮盖，以免被游客看到而影响整体景观。

8. 快乐工作

绿化景观施工是一件很辛苦的工作，但新西兰的施工人员快乐的心情一直感染着所有人。取得的一点点成绩他们都会大加赞赏，遇到难题会和中国的施工人员一起商量解决。出了问题不是去一味地指责而是探讨如何解决、如何做得更好。

1 3
2 4 5

■ 1/2 植物实景图

■ 3 与恐龙同一时代的大型蕨类——桫椤（Alsophila spinulosa），仿佛让人穿越时空回到了远古时代。

■ 4 清澈的 Korokoro 热湖

■ 5 花园内景观

1.4 中国宁波滕头馆“空中花园”

位于城市最佳实践区的宁波滕头馆,其主题是:“城市化的现代乡村，梦想中的宜居家园”。宁波滕头村是全球生态500佳和世界十佳和谐乡村，是以环境和谐为主题的城市化乡村，是对国际化城市乡村发展规律的探索，也是对人类新型生态在空间、活动关系及环境形态的创造。滕头村的“生态理想化、生态资源化、生态生活化、生态产业化”发展战略,营造了“村在景中、景在城中”的生活模式,成功地走出了“以生态促旅游，以旅游养生态”的特色经济发展道路，是中国乡村城市化的代表。

滕头馆不但吸纳了以上两种方式，而且更全面利用了建筑的各种空间。仰望滕头馆屋顶，屋面种植了几十棵数米高的大树，屋面植树与建筑体有机结合，集中展现了“生态归朴”的景象。屋顶长树，屋边绕竹，园内种稻,这种布置在世博园区绝无仅有。更好玩的是，展馆二楼屋顶的试验田、绿色垂直生态墙，可让参观者采摘到富有宁波地方特色的果品，充分体验宁波乡村的迷人魅力。

“滕头馆”有两大特点，一是上层空间的农民生态种植实验室区域。区域内有与滕头村一样的生态农业，比如水里养鱼、田里种稻，还养着成群的鸽子。另一大特点是建筑东立面入口区的墙面进行的垂直绿化。以滕头村普通民居为蓝本的“生态屋”，设置了家居绿化、风能太阳能发电、屋顶种植、水处理、垃圾处理等多个生态环保项目，充分展示宁波滕头人与自然和谐相处的生活方式。在“生态感受区”观众与大自然亲密接触，不仅能聆听到风声和水流声，还能看到碧绿的稻田，闻到清新的花香，体验全方位的自然美景。

沿坡登上展馆二楼，在垂直绿化墙中会有水流受高压喷洒而出，在整片区域中形成水雾。这里的负离子含量将高出森林10,000倍。置身其中，一呼一吸之间，给人无限轻松惬意。这里也是世博会期间全上海负离子氧气含量最高的区域之一。

世博会期间，参观者运气好的话还可以在滕头馆参与一系列体验互动项目。例如，生态屋的阳台受控制可以发送花卉香气、风声、水流声等，也可穿着夸张的植物上衣、树桩鞋、土石鞋，戴着花卉帽子，在生态屋留影，并可现场采摘水果。同时馆内或馆外设有水道，放养鱼鸭，种植浮萍。

许多科研机构及个人都对屋顶的利用进行了新的探讨。

2010年5月8日上海世博·世界屋顶绿化大会就向浙江绍兴农民彭秋根先生颁发了“世界屋顶水稻最佳人物奖”，表彰其利用屋顶种植水稻取得的成绩。在浙江省农科院正在进行“三生农舍”的课题研究中，屋顶是农田，西侧墙、南侧墙种植攀藤蔬菜和水果，如黄瓜、丝瓜、豆角、葡萄，地下室养植蘑菇并建沼气池。沼气用于烧水、做饭、洗浴，沼渣是最好的有机肥，这样形成循环的生态链，农民足不出户，便可增加收入。

2 | 3 | 4
1 | 5

■ 1/3/5 水稻

■ 2 宁波滕头馆实景图

■ 4 水稻田和鱼塘围绕在腾头馆的四周，使人宛如置身于鱼米之乡

1	2
3	4

■ 1 腾头馆内种植的西红柿
■ 2 立体无土果蔬的种植
■ 3/4 垂直绿化墙

1.5 卢森堡馆屋顶绿化

卢森堡馆可能是世博园独立场馆中体积最小的一个，它的造型是用钢铁做成的城堡，与国名很贴切，馆壁上刻着醒目的大字“亦小亦美”，那么美在何处呢?我觉得美在满目的绿色，葡萄园、花卉、绿植见缝插针，植被的阴柔之美与钢铁的城堡相映成辉。

设计师由“卢森堡”的中文含义“森林与城堡”中获得灵感，整个展馆的建筑材料都是可回收的钢、木头和玻璃，中心位置类似中世纪的塔楼，四周由翼楼和树木环绕构成如画意境，像一座缩微的森林型城市。

1	2	
3	4	5

■ 1 由葡萄园组成的郁郁葱葱的开放式“森林”

■ 2 卢森堡欢迎大使“金色女子像”

■ 3/4/5 卢森堡馆实景图

C6
欧洲展区
卢森堡馆
英国馆
荷兰馆
意大利馆

卢森堡馆实景图

香港馆实景图

香港馆实景图

1.6 中国香港馆屋顶花园

香港是世界上著名的海运、金融、商业中心，由于地少人多，在房屋土地的充分利用上积累了许多宝贵经验，香港的屋顶花园、墙体绿化、地下车库顶部绿化、室内绿化普及率很高，是很值得大陆同行学习借鉴的。

世博园香港馆体量不大，走上香港馆楼顶，别具一格的湿地生态屋顶花园让人真切感受到空气的清新……这是一个完全开放的空间，没有屋顶遮盖，保证植物与阳光、雨水的亲密接触，徜徉在木制观景廊中，呼吸清新空气，让人感受到湿地生态在城市中的重要性，特别是种植的水稻，使花园有了田园的野趣。

建造屋顶花园最理想的方式是设计新房时就将屋顶花园的设计融合进去，如果建筑结构设计师和园林景观设计师联手设计屋顶花园，那将是最理想的，在建造房子的同时实施屋顶绿化工程，能够实现最节约、最安全、最便捷的施工。另外一体化建设屋顶花园，可以节省许多材料和工序，降低成本。同期施工还有利于保护城市环境，减少扬尘污染，提高工程进度。上海世博园屋顶花园建设基本实践了这种模式。

世界上许多国家都提倡新建筑尽可以多的建造“空中花园”，使城市土地得到再一次开发利用，为居民提供绿色的休闲娱乐空间。德国 1982 年立法，规定新建、重建项目报审规划设计时，必须同时申报屋顶绿化设计，否则项目不予立项。2003 年成都市人民政府下达红头文件，规定新建项目必须申报屋顶绿化，这样的举措大大推进了成都屋顶绿化的建设，每年都会增加几十万平方米的屋顶绿化面积，保证了新建筑节能、低碳、生态、宜居。

1 | 2

1/2 香港馆实景图

2　屋顶草坪

屋顶草坪

屋顶草坪又名轻型屋顶绿化，由于轻型屋顶绿化对建筑负荷要求低，管理简便，同时又能营造生态的景观效果，是屋顶绿化的新宠。

现在的城市普遍存在绿量严重不足的现象，这是一种严重的现代城市病，地面的空间十分拥挤，可用绿化用地几乎已经饱和，拆迁建绿地极其昂贵。发展屋顶绿化增加城市绿量，已经成为城市领导者和市民的共识。城市里老建筑的房顶普遍承载能力偏低，不具备建造屋顶花园的条件，于是轻型的屋顶绿化技术应运而生，迅速普及世界各国，成为各国政府首推的环保新宠。

屋顶草坪的优点：

1. 屋顶草坪每平方米饱水状态下的重量是10~70 kg，除危房外，几乎所有的建筑都可以实施屋顶草坪绿化，是解决城市热岛效应最好的方法。

2. 养护管理粗放，屋顶草坪多采用景天科植物，它们具有耐旱、耐高温、耐严寒、多年生宿根、抗病虫害能力强等优势，宜于普及推广多品种植物混种以丰富景观效果。

3. 施工快捷简便、造价低廉，有立杆见影的效果。

4. 生态功能齐全，可以使建筑冬暖夏凉、吸纳粉尘、降低噪声、净化雨水、美化城市空中景观等。

2.1 世博演艺中心屋顶草坪

世博演艺中心是世博园“一轴四馆”最主要的建筑物之一，完全由中国人自己设计建造，它“飞碟”式的优美造型，牢牢地印在参观者的脑海里，世博会后它将与中国馆一起成为上海新的地标。

世博演艺中心采用了江水源冷却系统、气动垃圾回收系统、空调凝结水与屋面雨水收集系统、程控绿地节水灌溉系统等多项环保节能技术，注重可再生材料的使用，其目标是成为一座“绿色生态建筑”。

它在满足国家及上海市基本节能要求的基础上，还采取了多项有效的节能措施。

1. 凭借碟形外观，简洁的立面，从型体上减少空调负荷与能耗，从而降低整个建筑的能耗。

2. 采用性能优良的建筑外围护结构，幕墙用中空玻璃，上壳用铝板及保温层、局部采用玻璃天窗，充分利用自然光，节约照明能耗。

3. 利用屋顶草坪的天然保温性能，调节环境温度同时节约空调用电。

世博演艺中心利用节水系统采用节水器具和设备，加强了雨水的利用，将空调凝结水与屋面雨水进行收集、处理，用作道路冲洗和屋顶草坪浇灌。采用程控

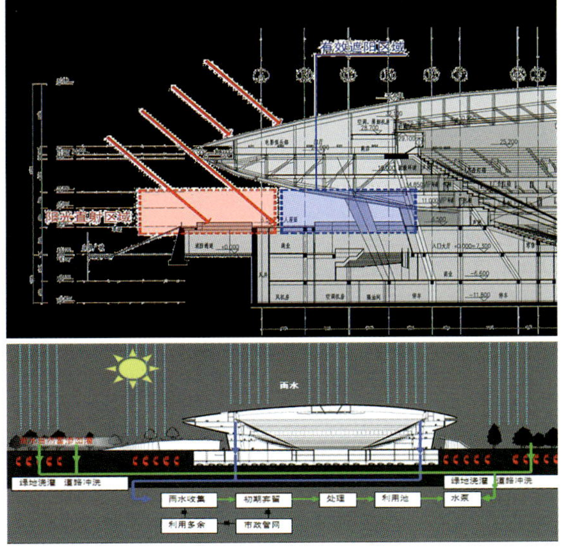

型绿地喷灌或滴灌等节水灌溉技术，提高水的利用率同时提高绿地的养护质量。

世博演艺中心屋顶草坪很注重平面和立面结合的效果，面层以大面积不规则的几何线条划分，用看似随意却很规整的分割来烘托整栋建筑的时代感。屋面以大面积不加任何修饰的草地为主，烘托出了组合体建筑简洁明快的韵味，同时又可以开拓绿色空间、美化环境、进一步提升环境品质。

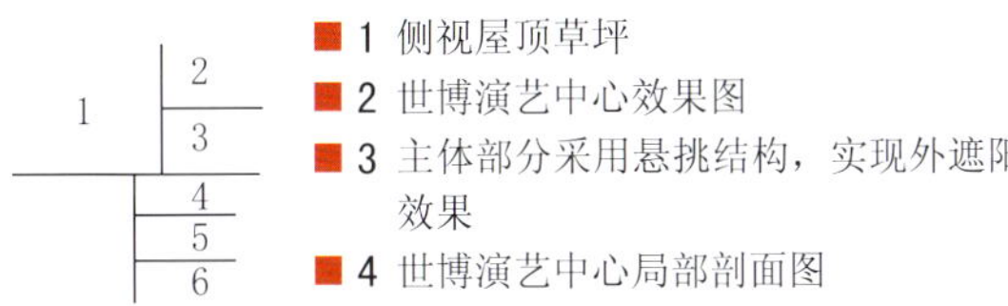

1 侧视屋顶草坪
2 世博演艺中心效果图
3 主体部分采用悬挑结构，实现外遮阳效果
4 世博演艺中心局部剖面图
5 节水与水资源回收利用分析
6 世博演艺中心剖面图

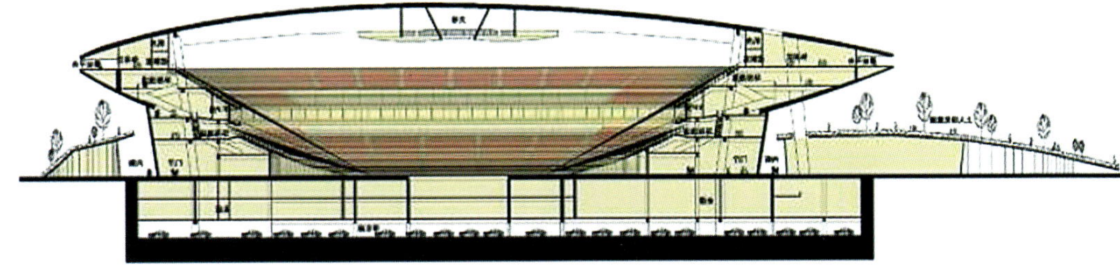

世博演艺中心屋顶草坪为了开拓绿色空间、美化环境、进一步提升环境品质，很注重平面和立面结合的效果，面层以大面积不规则的几何线条划分，用看似随意而又规整的分割来烘托整栋建筑的时代感，屋面以大面积不加任何修饰的草地为主，烘托出了组合体建筑的韵味。

此屋顶草坪实际上是人工生态系统的建设，工程突出考虑的是建筑荷载、防水、排水的安全。使用轻质结构板与轻质营养土减轻建筑结构荷载，同时保温隔热，节省建筑造价，且它的稳定性好，不会发生基层变形，而且轻质营养土的运用可以给提供植物更多的水分和养分，同时做到无异味、无虫害。

1 世博演艺中心屋顶草坪近景
2 俯视世博演艺中心屋顶草坪

2.2 印度馆屋顶草坪

印度馆高高耸立的穹型屋顶植满多种色彩植物，紫铜色的“曼陀罗”花纹镶嵌其间，美伦美幻，格外耀眼，使人自然地联想起印度优美的歌舞……世博期间它始终以独特的魅力吸引着众多参观者的眼球。并且据说该馆的总投资不超过 2000 万元人民币，估计它的投入与效益的性价比可能是最高的。

穹型屋顶是很美的，但是半径 37 m 的穹顶内没有一根梁一根柱，施工难度很高，更难的是这个穹顶是用中国的竹子搭建的，以这种方式搭建的穹顶的荷载可想而知，这给屋顶草坪的建设者带来了巨大的挑战。在从多的竞标者中，李大龙—— 一个在上海创业的外乡人胜出了，他的胜出关键是他的技术能达到每平方米草坪饱水状态下只有 8 kg 重。

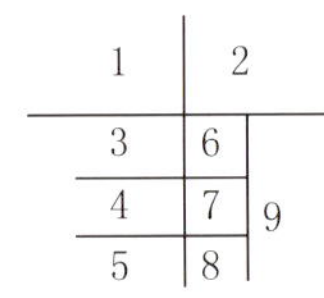

- 1 远眺沙特馆和印度馆
- 2 由四季秋海棠、矮牵牛、银心吊兰等种植组成的屋顶草坪　摄于 4 月 20 日
- 3 墙体铺设棉毯　摄于 4 月 20 日
- 4 按设计图案进行种植　摄于 4 月 20 日
- 5 彩叶草 + 大花马齿苋 + 紫竹梅 + 吊兰组合，色彩丰富、生机盎然。 摄于 5 月 7 日
- 6 墙体转角用四季秋海棠、细裂银叶菊、水栀子和吊兰进行装饰。 摄于 6 月 20 日
- 7 墙体水景与植物　摄于 9 月 12 日
- 8 墙体植物特写　摄于 9 月 12 日
- 9 彩叶草 + 吊兰 + 大花马齿苋 + 紫竹梅 + 细裂银叶菊，植物生长繁茂。 摄于 9 月 12 日

笔者 4 月 20 日、5 月 7 日、5 月 30 日、6 月 20 日、7 月 17 日、8 月 12 日、9 月 12 日多次到现场观察印度馆屋顶、墙体绿化的效果，李大龙采用的超轻型棉织毯植草法是成功的，在设计、施工、养护方面都有独创的技术和成功的经验。

它运用了设计施工、养护等多方面的独特技术，取得了非常好的效果，获得了巨大的成功。

1. 利用废旧布料加工制成绵毯代替土壤，土壤中含有很多的细菌和病虫害，而绵毯中没有细菌，花草不会有病虫害现象。

2. 花草生长的营养成份直接配置到滴灌，由滴灌输送绵毯，花草根系直接吸收绵毯中的养分生长，养料中含有花草多种养料属于均肥，比土壤种植成活周期延长，这就是无土种植的最大优势。

3. 收集雨水，存入蓄水罐，经过过滤，用滴灌、增压泵输到穹顶绵毯浇灌花草，浇灌花草的水还可以在此流入蓄水灌，进行多次循环利用，可以保持 1~3 个月不用加水。

4. 与常规的屋顶绿化、墙体绿化相比，印度馆的屋顶草坪基础设施只有 5 cm 厚，大大减轻了屋顶荷载。

印度馆屋顶草坪施工企业：上海大龙绿化工程有限公司

印

■ 印度馆屋顶草坪近景

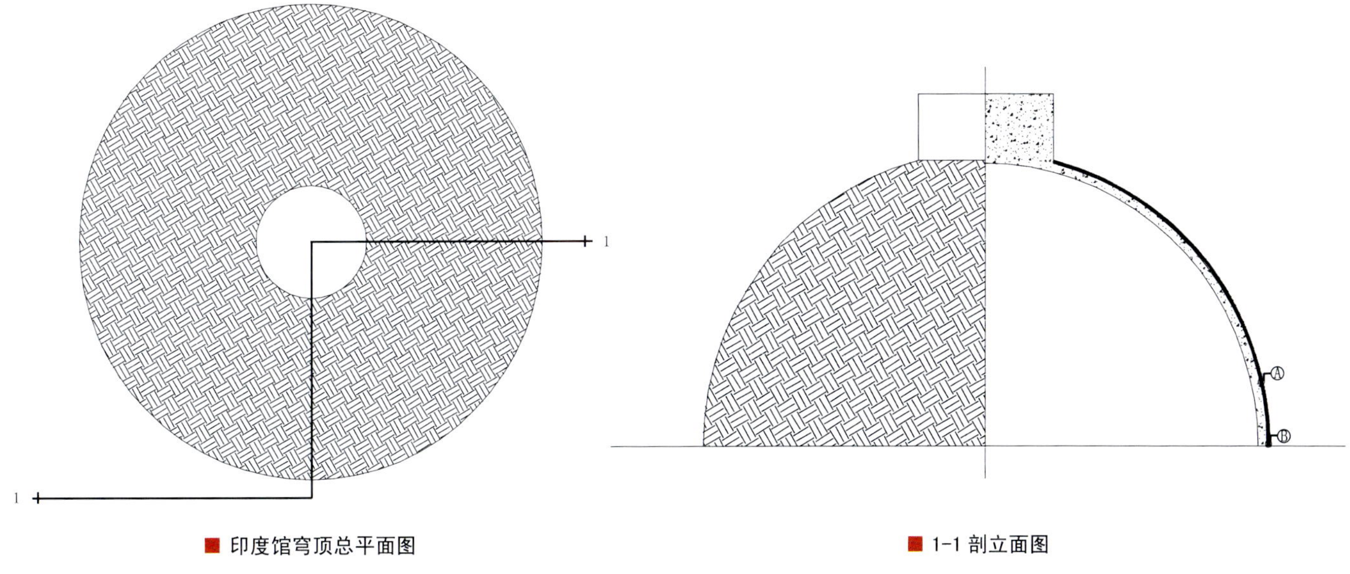

■ 印度馆穹顶总平面图

■ 1-1 剖立面图

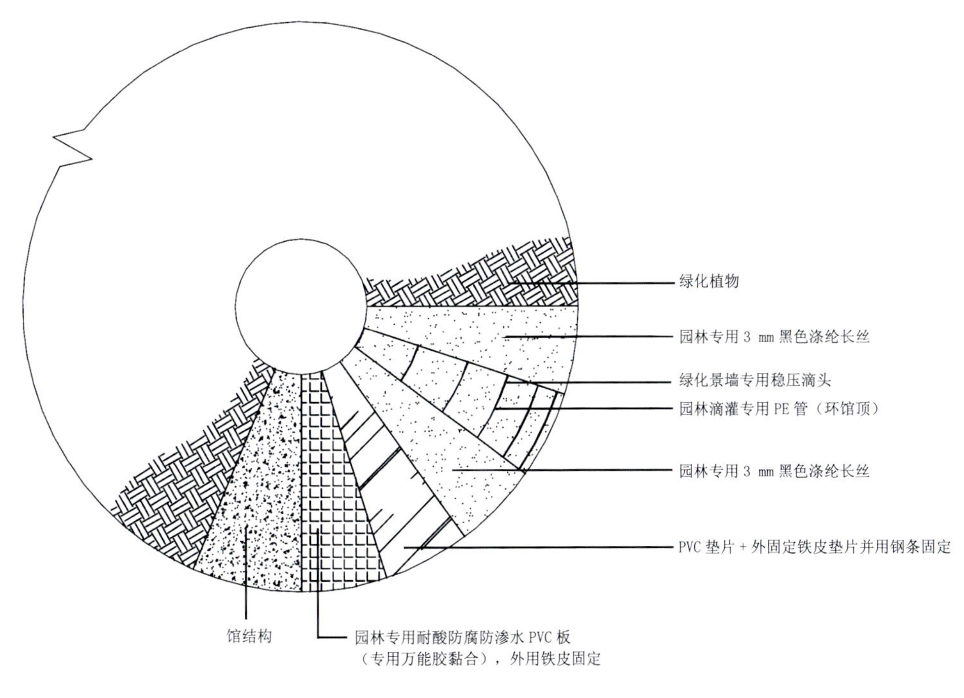

■ 1-1 剖面图

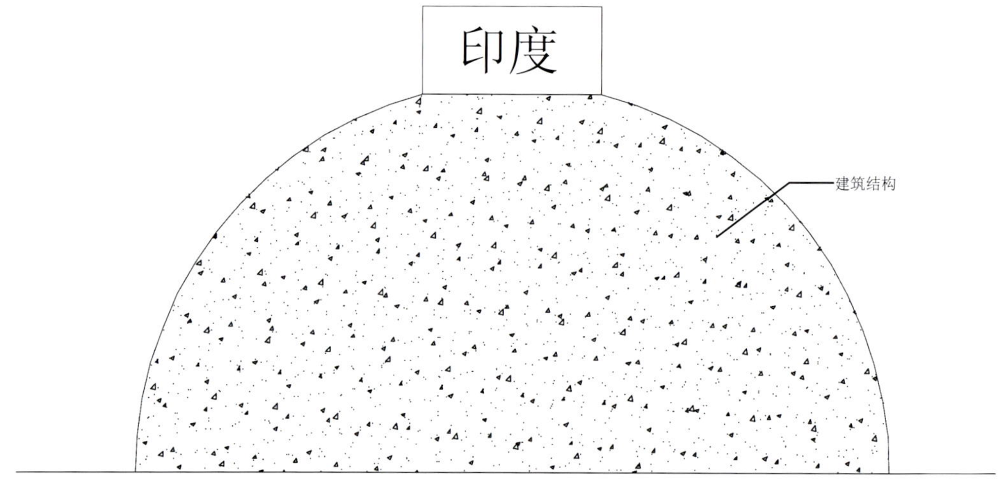

■ 印度馆结构

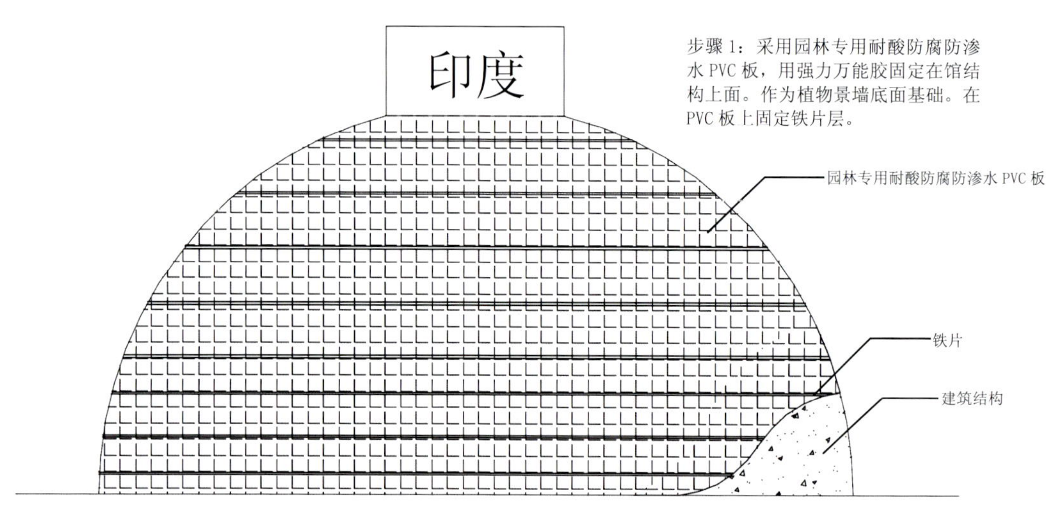

■ PVC 板和铁片详图

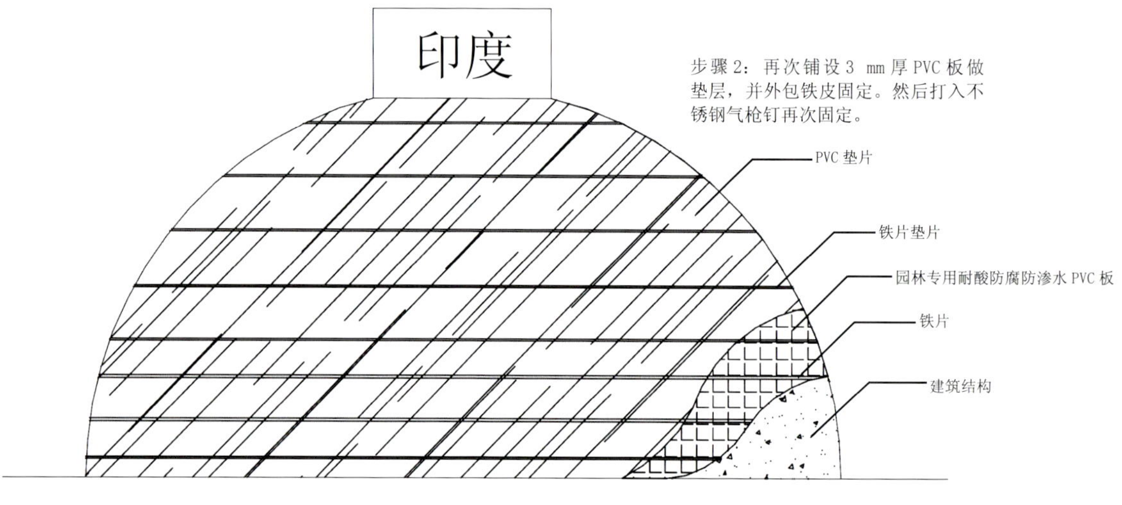

■ PVC 垫层和铁片垫片详图

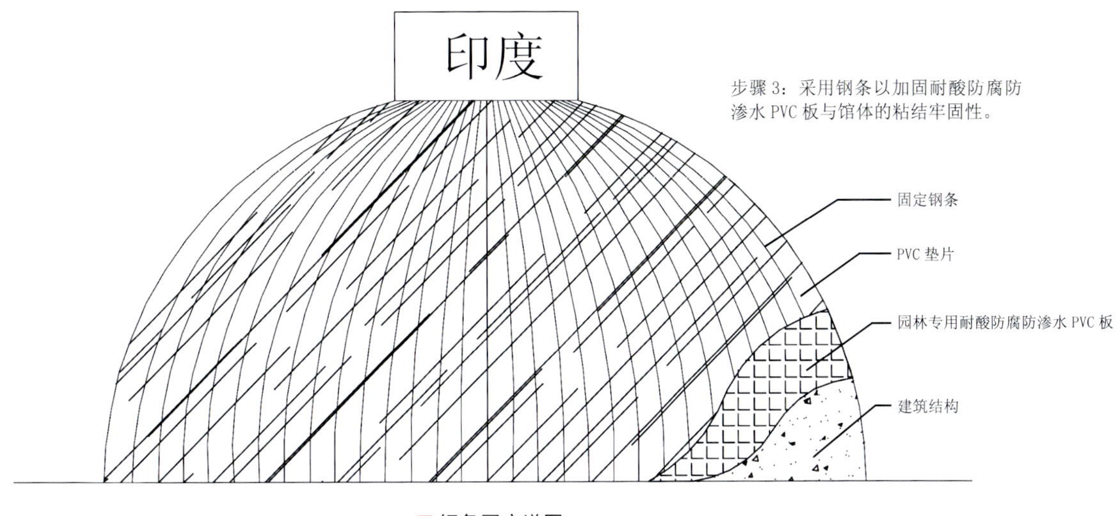

■ 钢条固定详图

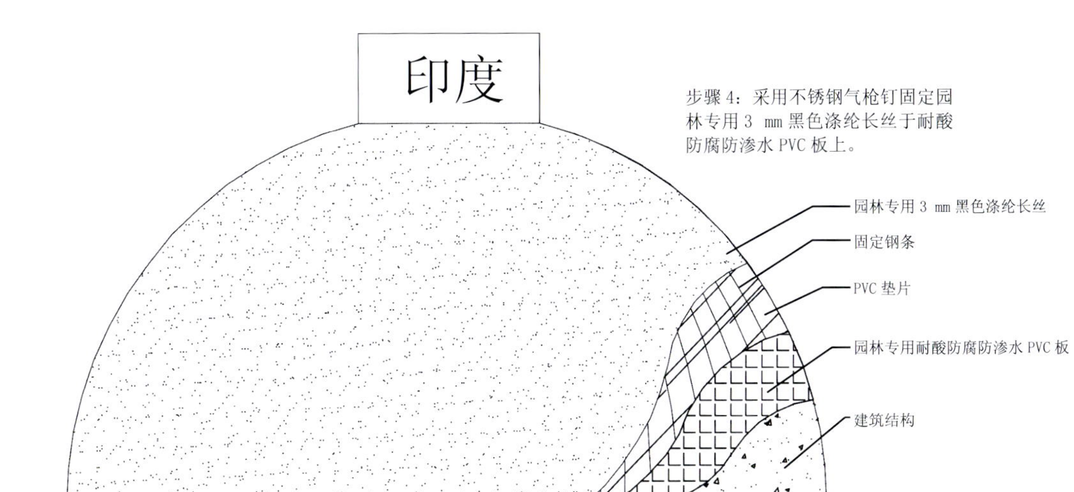

■ 涤纶长丝施工详图（一）

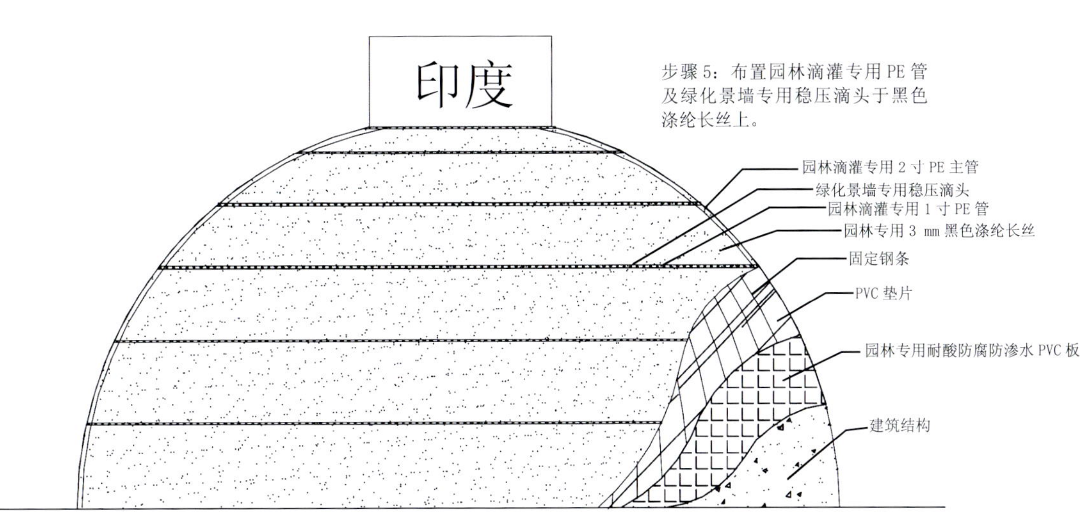

■ 滴灌喷头施工详图

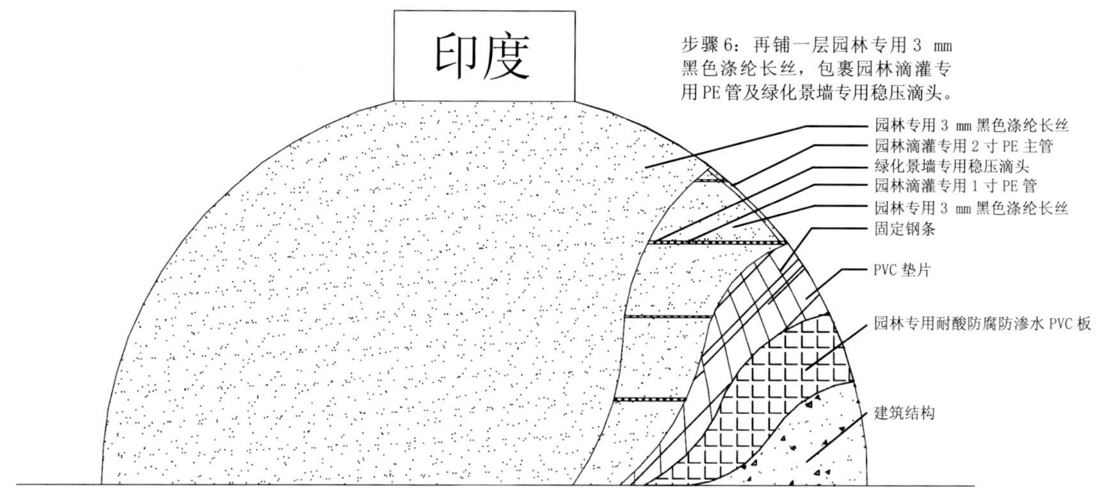

■ 涤纶长丝施工详图（二）

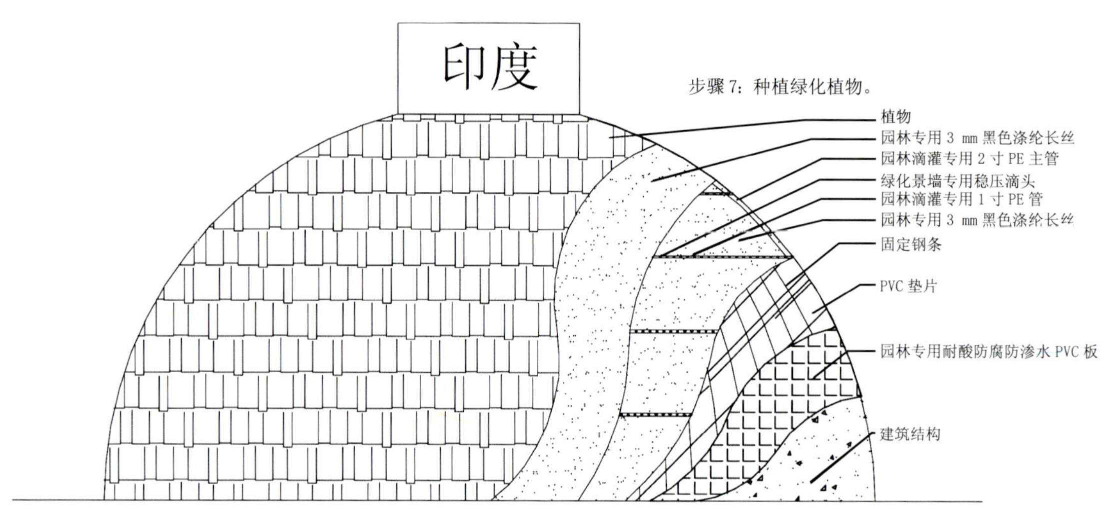

■ 植物布置详图

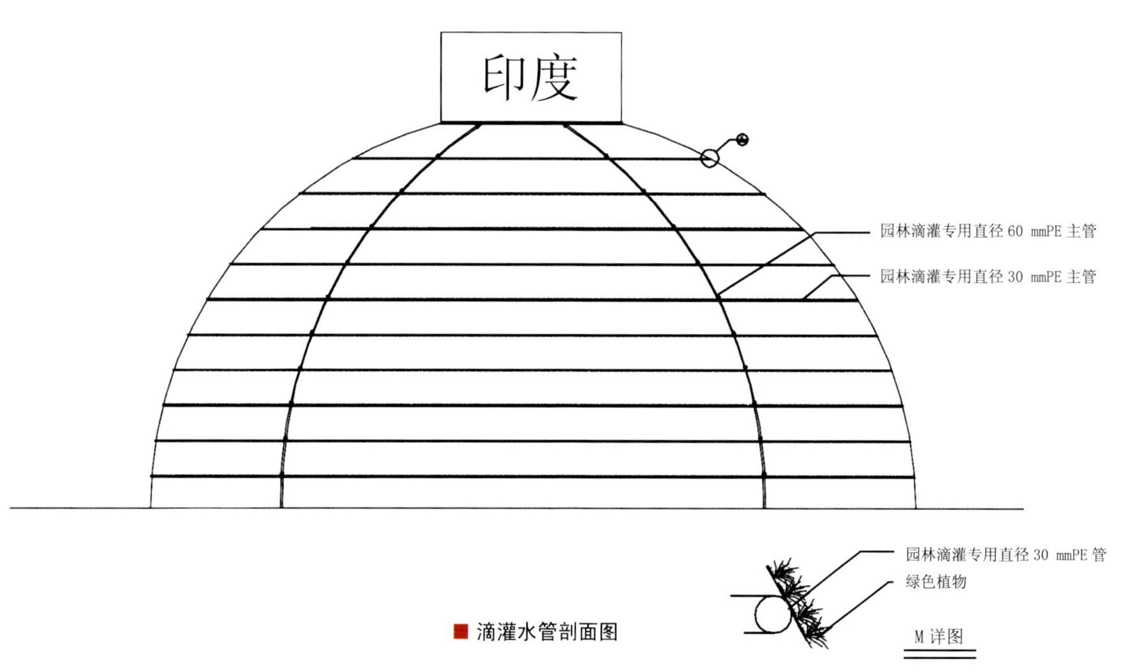

■ 滴灌水管剖面图

印度馆穹顶夜景

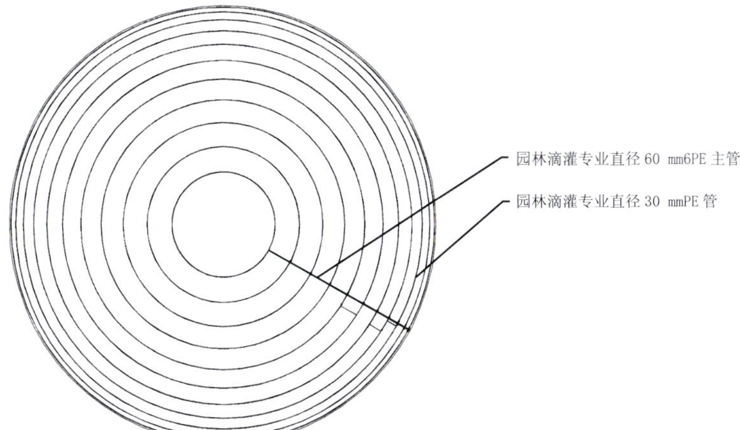

滴灌水管总平面布置图

设计说明：

1. 本系统采用美国全自动控制，共分 15 路进行轮流浇灌
2. 使用稳压滴头 8010 个，滴箭 6480 个（外墙用）
3. 管道采用 PVC 管和 PE 管给水管，其耐压不低于 16 kg
4. 水泵采用 1 台增压泵，水泵供喷淋浇灌进行管道增压，功率分别为 2.67 KW
5. 水源使用自来水进行浇灌，管径为 2 寸，另外配两套过滤器进行水质过滤
6. 电源由甲方提供到泵房内

金属曼陀罗花纹饰与彩色植物完美结合

■ 印度馆穹顶和墙体绿化

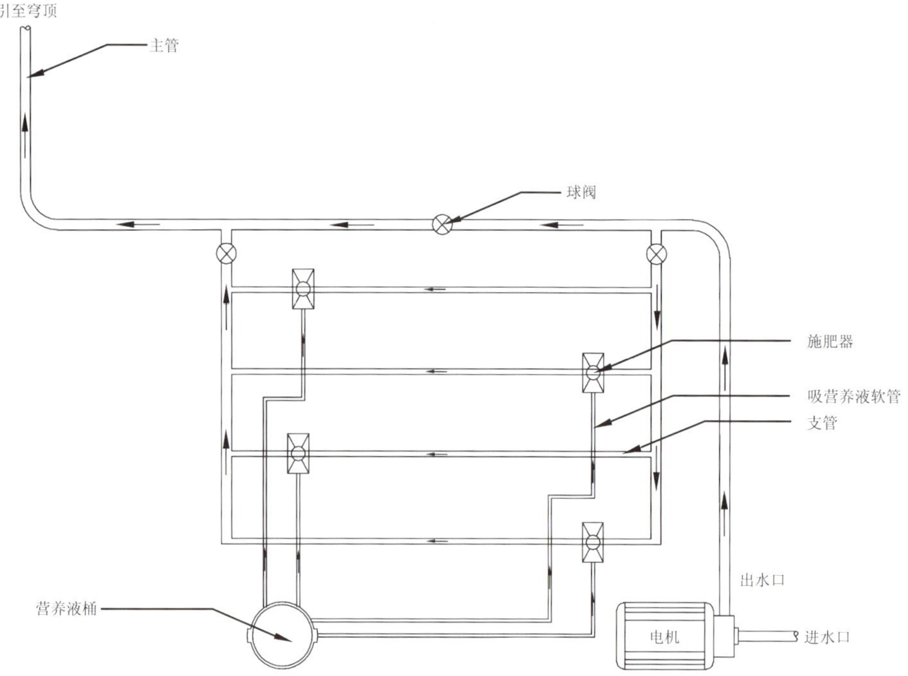

■ 设备房管路滴灌配置示意图

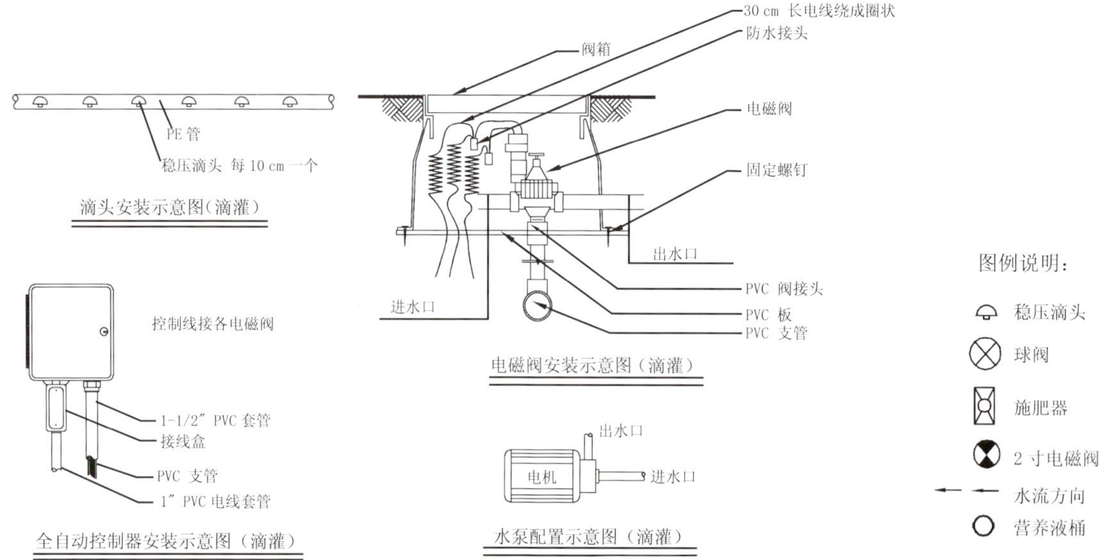

■ 滴灌系统节点详图

■ 印度馆墙体绿化

2.3 瑞士馆屋顶草坪

“瑞士馆的设计构思一开始就是很浪漫的：我们将城市的内容放在下面，将绿草放在顶上，我们用绿草覆盖了嘈杂。……白雪在冬天才有，平时瑞士国土的绝大部分都是绿色的。绿草就是自然的空间，也是阿尔卑斯山的颜色。我们想建成一个示范性的公园，叙述大自然和人的关系……。”

——瑞士馆设计组长 斯蒂芬.奥黑

瑞士，是风景最优美的国家之一，阿尔卑斯山脉的自然风光旖旎宁静、美不胜收。如果您到上海世博会的瑞士国家馆参观，那么你可以乘坐登山缆车，时而穿梭于幽幽山谷间，时而饱览阿尔卑斯的草原风光，感受瑞士的自然风景。

瑞士国家馆的绿化设计，正是配合这一创意发展而来，分为筒壁垂直绿化和屋顶绿化两大部分。当游客乘坐缆车从巨大的筒中钻出，眼前呈现出一派开阔、明媚、静谧的田园风光，似乎让我们一下子置身于阿尔卑斯的高原，有一种大山的宁静。

2.3.1 筒壁垂直绿化

1. 设计概念原型

筒壁内的垂直部分，设计师试图用各种植物模拟成一个自然山谷，让游客在乘坐缆车盘旋上升时，能有在自然山谷中穿梭的感觉。最先开始的底层，是潮湿的水生植物，象征谷底；随着高度升高，渐渐出现了低地生长的蕨类植物；中间高度是藤蔓；上部是向阳性植物。这些植物，由瑞士本土运来非常不便，便选用上海以及附近地区的类似品种。

2. 深化设计方案

根据以上设计要求，综合考虑自然山谷的植物生长特性、布局特点，以及展馆现场光线、温度等影响，瑞士馆的筒壁垂直绿化对植物品种的选择分为三个层次：喜阴植物、半阴植物、喜阳植物。比如在筒壁的下部，主要种植各种蕨类、喜林芋等喜阴植物；中间部分则以常春藤类、蕨类等半阴植物为主，而在上部则以黄馨、蔓长春、薄荷、孔雀花等阳性植物为主。考虑到上海5~10月份之间，阳光照射变化在筒壁内的影响，局部调整各种植物的配比比例。

以深浅不一的植物的绿色，来体现山谷的原汁原味；种植手法上让各种植物逐步过渡，营造出植物自然的生长变化。

在这一部分的垂直绿化中，创新地采用了钢丝绳固定种植箱的方法来表现垂直绿化。这种在苗圃预制

■ 瑞士馆筒壁绿化设计概念图

■ 植物布置样板实景

■ 瑞士馆屋顶绿化设计概念图

种植箱、现场进行安装的方式，综合考虑了养护管理方案，不仅节省了现场的施工时间，又可以确保展览期间的最佳绿化效果。

2.3.2 屋顶绿化设计概念原型

瑞士馆的屋顶种有绿草和鲜花，设计意象来自阿尔卑斯山山坡上的高山草甸，造型缓缓起伏。设计师试图在起伏波动的地形上铺满各种自然的花草甸，当缆车盘旋而出后，游客就可以在脚下看到一片阿尔卑斯的草原风光。

2.3.3 深化设计方案

为了还原这一场景，设计师将屋顶分为三个部分，草坪部分、筒壁与草坪的过渡部分、花卉种植部分。然后对照瑞士草原的植物品种及形态，根据上海本地的植物材料进行了筛选，基本确定了以各种观赏草和宿根类花卉为主混合种植的方式来体现草原风光。

1. 草坪部分

首先在 2500 m^2 的屋顶上确定了 3 个高点，通过高低变化营造此起彼伏的山脉。考虑气候及后期养护，屋顶草坪采用夏季型的草种，矮种百慕大，同时兼顾早春种植的特性，混播黑麦草。

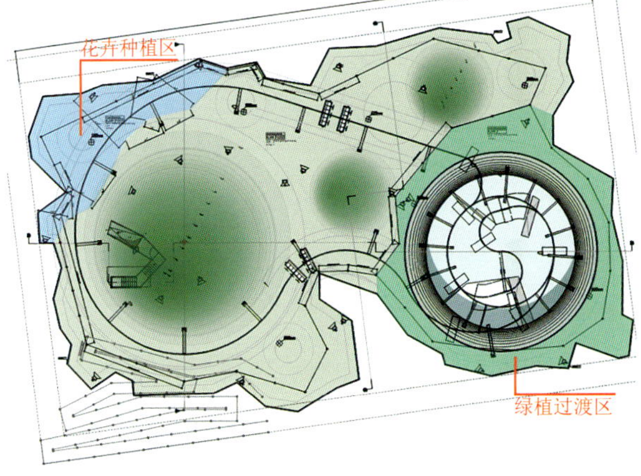

■ 瑞士馆屋顶绿化平面布置图

2. 过渡区域

在筒壁和屋顶过渡的部分，设置了约 320 m^2 的过渡区域，种植黄馨、薄荷、孔雀草等阳性植物，和筒壁内的植物逐步过渡延伸出来，最终与草坪连接。

3. 花卉种植区域

在西北角设置了约 200 m^2 的花卉种植区。尽量选择比较野趣的花卉品种，以还原山脉上野花摇曳的风光。因此基本上采用小花型的品种，比如金鸡菊、薰衣草、千叶蓍、婆婆纳、美丽月见草等，色彩上则以白色、蓝色、黄色、粉色为主。在种植手法上，采用花卉与芒草等混种的方法，尽量体现出自然的感觉。

瑞士国家馆的绿化项目，对于自然效果的追求远远高于普通绿化项目的要求，摒弃了传统的种植方式，通过人工的手段，尽可能还原出自然的景观效果。想象一下，在一片起伏不定的绿色中，星星点点的烂漫山花随着微风轻轻摆动，这不就是一幅自然的瑞士草原风光吗？

瑞士馆设计组长：斯蒂芬·奥黑

瑞士馆屋顶草坪施工企业：上海市花木有限公司

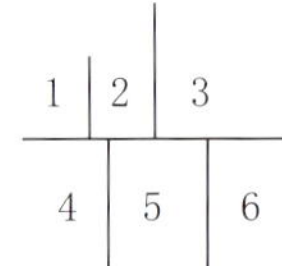

- 1 由筒底湿地乘缆车向上看到的景色
- 2 筒半腰处景观
- 3 大花金鸡菊、婆婆纳属植物混搭，构成色彩艳丽的草甸风光
- 4 山花烂漫，令人联想到阿尔卑斯山草甸风光
- 5 筒半腰处景观
- 6 乘缆车从筒里出来后，眼前豁然开朗

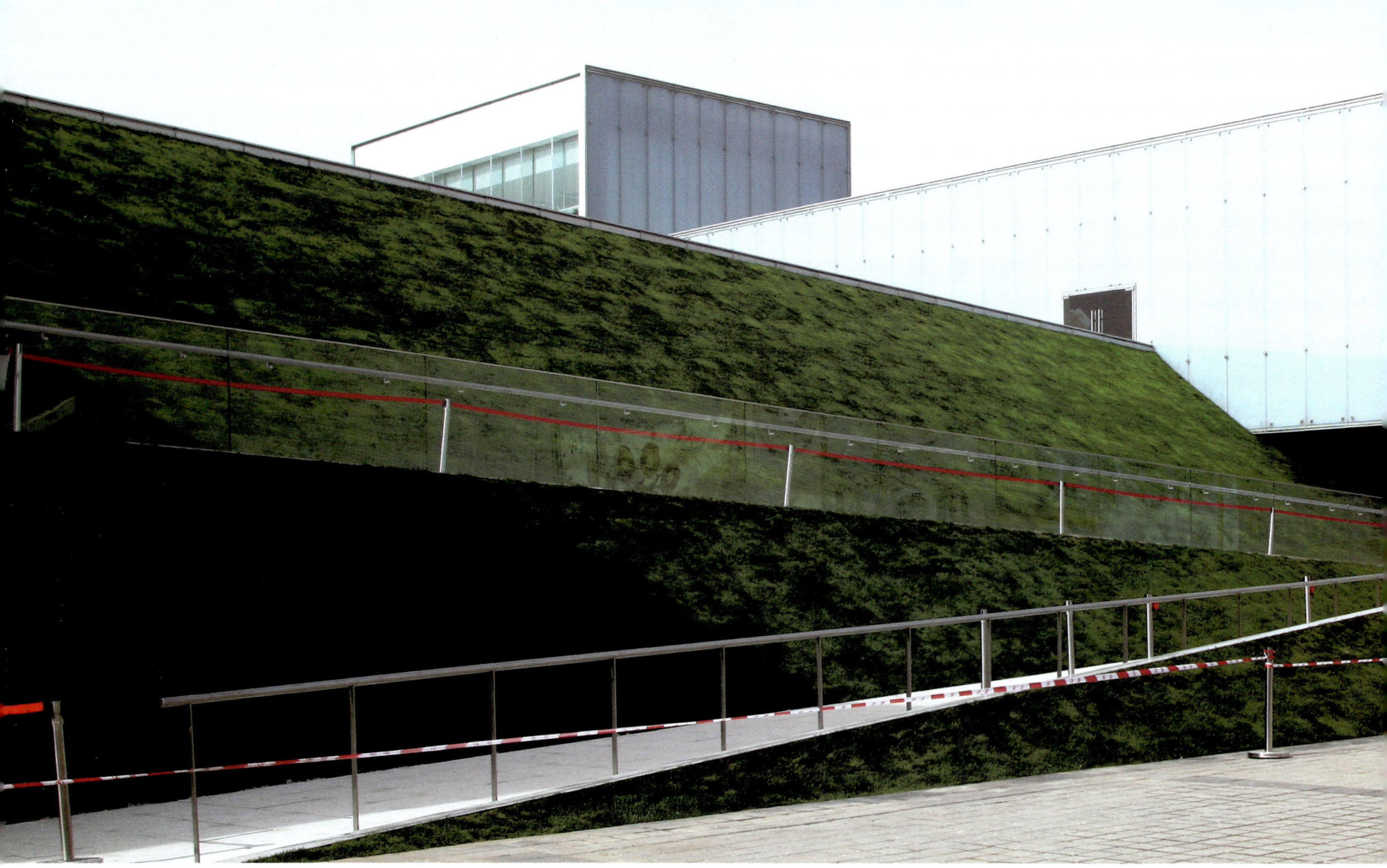

2.4 爱尔兰馆屋顶草坪

屋顶草坪的建造中一个很重要的环节是防水。在建筑物上做防水首先要特别注意的是，防水工程的连节点和排水口都要做得很精确到位，因为它们是最容易出现漏水的关键部位。

做好防水后在防水层上铺设排水板，以保障排水顺畅。在排水板上铺一层无纺布，以阻止土壤进入排水层。过滤无纺布上铺装植草格，将营养土半湿装满植草格，以保证土壤不会滑坡。

爱尔兰馆屋顶草坪防水设计及施工：上海海纳尔屋顶系统安装工程有限公司

爱尔兰馆屋顶草坪防水项目负责人：余露

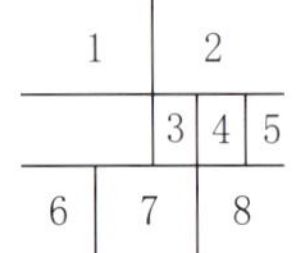

- 1 爱尔兰屋顶草坪线条优美，给参观者留下美好的记忆
- 2 转角草坪体现出爱尔兰风格
- 3 转角处防水节点处理
- 4 在安装蓄排水板时，注意蓄水口朝上
- 5 绿色为塑料植草格
- 6 将拌湿的营养土装满植草格
- 7/8 优质的草皮卷铺在植草格上

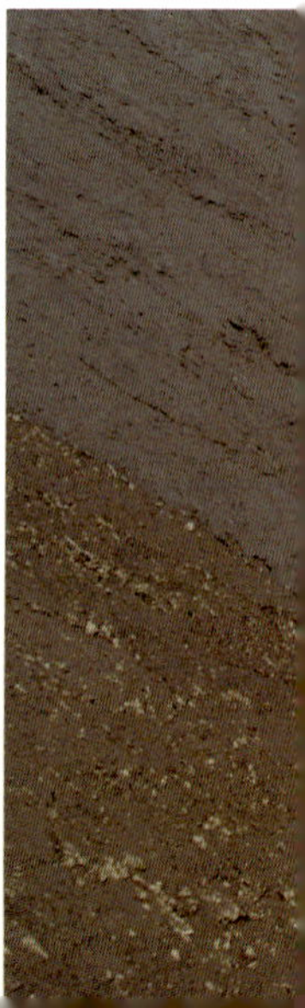

爱尔兰国家馆欢迎您 THE IRELAND PAVILION WELCOMES YOU

1 浇水养护至屋顶草坪长好
2 铺设好的斜坡屋顶草坪
3 建成的几何形屋顶草坪

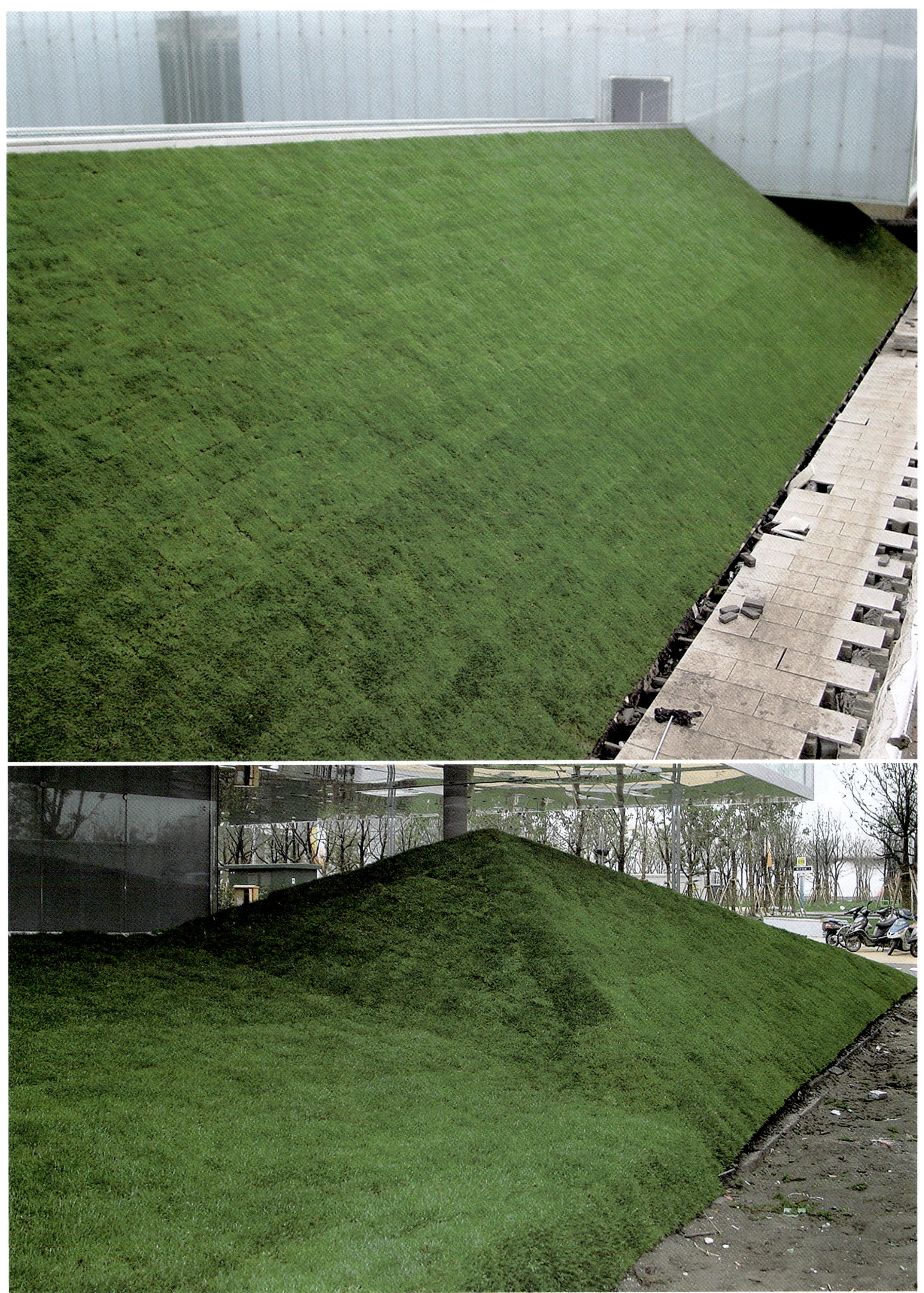

2.5 英国伦敦零碳馆屋顶草坪

应该说建设低碳、生态、宜居城市，英国先行了一步。位于伦敦的贝丁顿零碳社区是世界的绿色低碳示范区。

此社区为了实现节能、低碳、宜居运用了许多最前沿的理念、技术、材料。他们应用自己核心的专利技术——风帽，巧妙的利用四面来风，加之组合太阳能、水能、地能等新能源的利用，实现办公居住一体化，减少了城市交通量；也使建筑运行实现低碳、零碳。我特别感兴趣的是此社区百分之百的建筑都有屋顶绿化、墙体绿化、室内绿化，把全方位的立体绿化作为节能、低碳、优化环境的重要举措。

上海世博园英国伦敦零碳馆位于未来城市实践区，它是贝丁顿社区建筑的一个缩影。每个来这里的参观者都会被这种低碳、生态的生活方式所吸引。相信不久的将来，这种建筑会很快应用到中国人的现实生活。

零碳馆陈硕馆长，是一个有着儒家风度的海外学子，几年前回到国内推广零碳建筑，由于理念不同，到处碰壁，举步为艰。世博会开始后，他一下子变成了世界上最忙的人，万科与他合作建示范区，天津中新生态城与他合作项目、北京零碳社区项目请他参与……越来越多的人意识到低碳、生态保护对我们生活的重要性。

从外面看上去，满眼翠绿的景天植被覆盖了整个零碳馆的屋顶，绿色屋顶的植被是中和碳排放不可缺少的角色。下雨的时候，屋顶的雨水收集系统将开始工作进行雨水收集、循环再利用。

五颜六色的方口风帽，是根据上海风向特征而研制的，它们跟随风向灵活转动，利用温压和风压将新鲜的空气源源不断地输入每个房间，随时保持室内空气的纯净。这个会“呼吸”的零碳馆就像自然界的一个细胞。

1 2

3 4

■ 1/2/4 零碳馆屋顶

■ 3 贝丁顿社区的圆形风帽

3 墙体绿化

墙体绿化

墙体绿化作为特殊空间绿化最受欢迎的方式，被越来越多专业人士和政府所认同。许多国家出台的激励政策往往比屋顶绿化的奖励条件更优惠，韩国许多地方政府对墙体绿化费用全额买单；马来西亚宣布2020年进入发达国家行例，其中有一项举措即城市墙体实施大面积垂直绿化，费用全部由政府支出。他们的做法是明智的，城市道路、公园绿化的费用由政府承担已成为惯例，屋顶、墙体绿化是城市绿化发展的新空间，它除了具备地面绿植的一切生态功能之外，更强化了城市建筑节能、低碳、生态的作用，特别是夏季能有效的阻隔太阳的热辐射，使西侧墙面温度可降低30℃左右，并能保护墙体，延长其使用寿命。

墙体绿化还有一个比屋顶绿化要优越的地方，就是可见性强，郁郁葱葱、赏心悦目，使目前高楼林立的硬性城市增加了阴柔之美，改善城市居民视觉疲劳，保护青少年视力。墙体已经成为城市绿化可持续发展的宝贵资源。

随着人们环保意识的增强，上世纪50年代盲目崇拜摩天大楼的时代已经过去，摩天楼的高能耗，对地球残酷的破坏，使人生厌。狂热追求摩天楼的人们应当转变一下观念，建造一些与自然更和谐的绿色节能建筑，这将是世界新的潮流。

上海世博园的墙体绿化花样繁多，色彩各异，具有很强的视觉冲击力，形成了一道道靓丽的风景线，凡是进入世博园的人都受到了墙体绿化的洗礼，从而爱上这种能大能小、丰俭由人的绿化方式。

1 | 2
3

■ 1 从新西兰馆屋顶花园看主题馆绿墙

■ 2 主题馆入口通道遮阳绿化

■ 3 绿萝＋豆瓣绿＋白苞芋＋袖珍椰子＋"黑金刚"橡皮榕＋鹅掌柴构成主题馆支柱绿化

3.1 主题馆墙体绿化

主题馆植物墙单体长 180 m，高 26.3 m，东、西两侧布置的植物墙总面积达 5000 m^2，为目前全球最大已建的生态绿化墙面，是日本爱知世博会绿墙面积的 2 倍。这样一片绿墙，可以节能 40%，减少空调负荷 15%。

夏季利用绿化隔热外墙阻隔辐射，使外墙表面附近的空气温度降低，降低传导；而在冬季，它不但不会影响墙面得到太阳辐射热，而且能形成保温层，使风速降低，延长外墙的使用寿命。

研发人员把设施设计成模块，工厂化生产，材料为可再生塑料，其寿命不低于 8 年。为便于施工，植物必须在模块安装好之后再种植，而且它的承重力要足够大。此外，容器里面的土壤必须能支撑植物，并给予营养，同时还必须缓慢释放，不能使植物长得太快；同时，还必须透水、保水。

据初步估算，这扇 5000 m^2 的生态绿墙可实现年滞尘量 870 t、年固碳量 3175 t、年减排二氧化碳量 96 t，并能在夏季节省空调用电 125000 ℃，成为一个不折不扣的园区“绿肺”。

1 | 5
2
3 | 6
4

■ 1 春芽萌发
■ 2~4 绿植特写
■ 5 四季秋海棠花墙——周家渡路
■ 6 主题馆西侧绿墙全景

3.2 法国馆钢架绿化

法国馆的设计理念——感性城市，漂浮的凡尔赛花园 。鸟瞰法国馆，它就像是一个“回”字，白色的外墙网架占取了外面的一个“口”字，里面的“口”字则是一座立体的花园，植物覆盖了建筑的顶部，并沿着“口”的内侧垂下道道绿色瀑布。

法国古典园林的花坛是从刺绣中获得的灵感，由精心修建的黄杨篱笆围成，法国馆绿墙的图案却很有现代感。远远看去，浓绿的色块，就好像是一块巨大的电路板。这是景观师继承了法国古典园林的风格，并对传统进行了现代的诠释。

说起法国华美的宫殿，就会让人联想到美丽的园林，这或许是法国建筑的一种传统。据说在设计法国馆的时候，建筑设计师雅克（Jacques）和景观设计师迈克尔．哈斯勒（Michel）经常形影不离，雅克的创作和迈克尔的创作，就这样很自然地融合成为一个作品。这是建筑和园林的结合，也是城市与自然联系的一种思考。

雅克说：“你现在不敢开窗吧？为什么？你害怕闻到汽油的味道，你害怕那些车水马龙嘈杂的声音。你害怕看到那种灰色的天空。可是到了法国馆，你的所有的感官都会获得一种享受，你闻到了淡淡的香味，你看到了满眼的绿色，你听到了轻轻的水流声。”

	2
1	3
	4
6	5

■ 1 法国馆外景图
■ 2 法国馆垂直绿化鸟瞰效果图
■ 3/5/6 墙体绿化特写
■ 4 墙体绿化施工图

3.2.1 花盆都是“待改进版”

在为寻找植物东奔西走的时候，施工人员同时也在为花盆的设计绞尽脑汁。市面上的花盆根本无法满足在 16 m 跨度垂直方向植物良好生长的要求。传统的立体花坛的植物选材基本上是红绿草、佛甲草等一些非常小型的植物。它们对土壤厚度要求不高，只需要将它们扦插在 15 cm 厚的介质中就能存活。法国馆的植物总面积 2900 多平方米，其中 65% 以上都是瓜子黄杨、小叶女贞、大叶黄杨等灌木品种，其余还有 30 余种地被植物。难度最高的是蕨类植物，没有良好的土壤介质空间，根本无法长期存活，单一的花盆结构无法解决土壤介质水分的均匀渗透传导问题。在经历了半年之久的对常规垂直绿化工艺的改进失败后，施工人员为法国馆设计了一款有针对性的全新花盆。先在电脑中将设计构想做成三维实体，然后模拟安装效果及分析灌溉水的流渗导向比例。到最后，统计了一下，发现前后居然设计了 40 余款花盆。可是忙了相当长的时间后，回过头去再看看，才发现所有的设计其实都是“待改进版”。经历了一轮又一轮的开模试验后，花盆终于开始有产品了。这时设计室已经都快被样品堆满了。

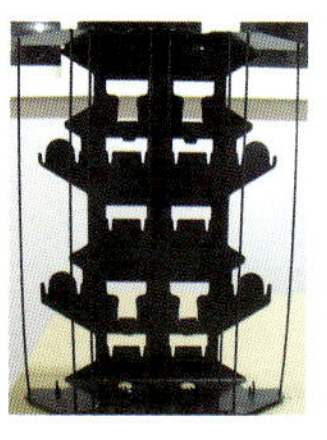

标准种植单元 + 种植框架

基本种植单元形成正立面标准种植框架的装配式结构

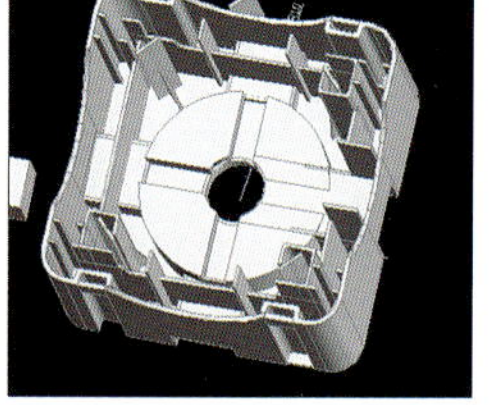

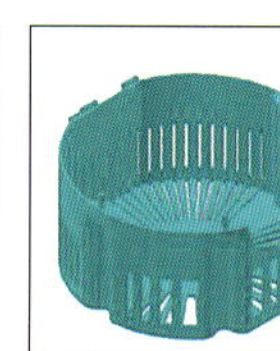
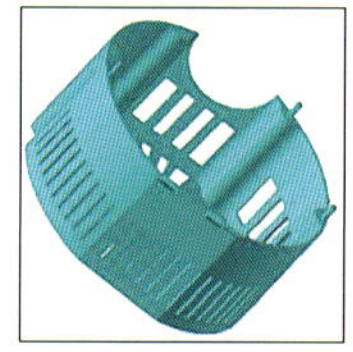
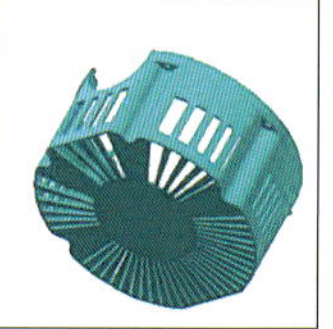

基本种植单元

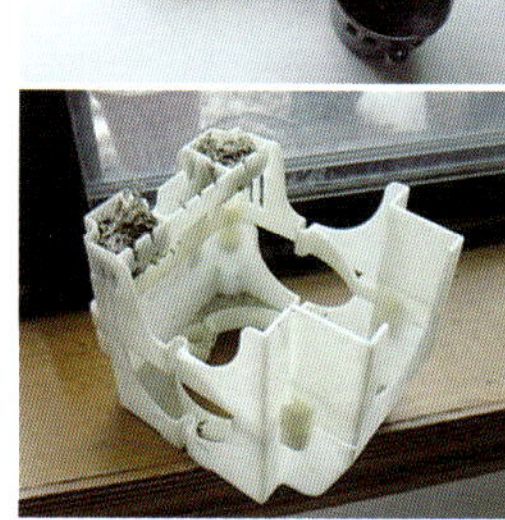
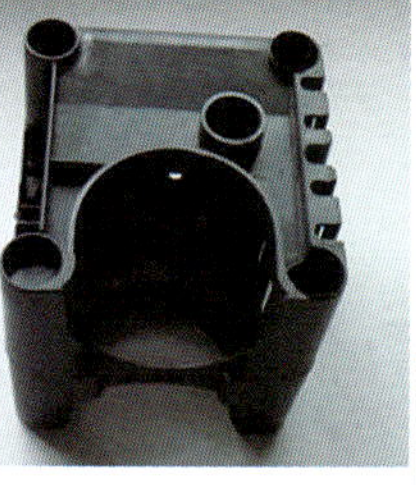

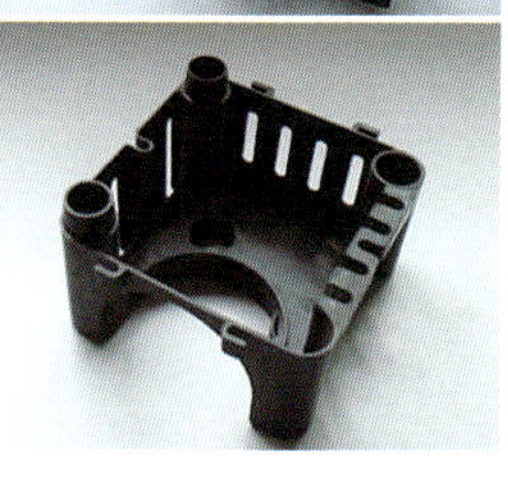

过程产品

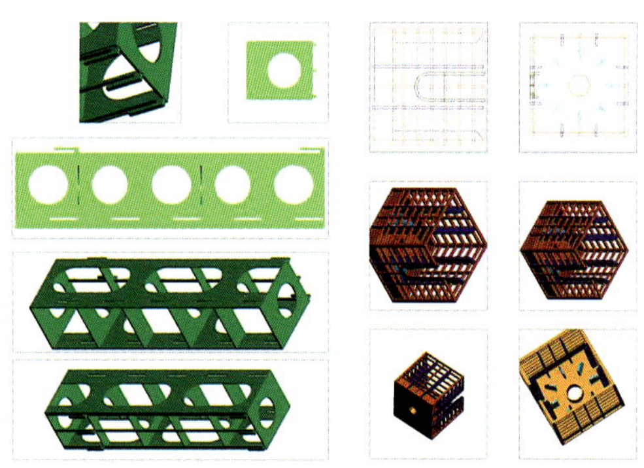

基本种植单元批量式加工生产，种植单元可相互连接，可独立拆卸，进行苗木更换，并且满足蓄水、排水等植物正常生长需求

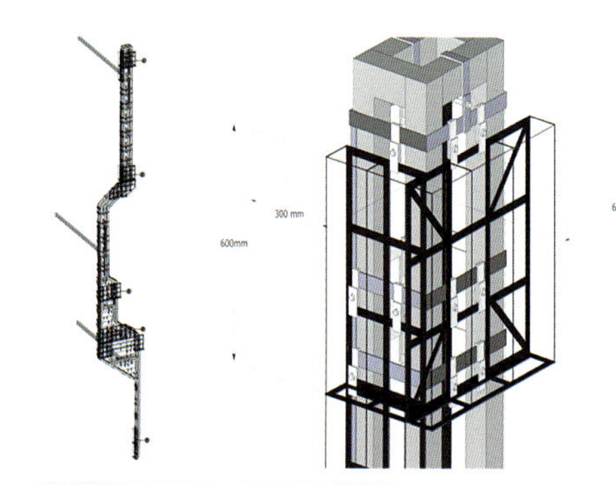

一定数量的基本种植单元形成种植框架，设计成一定造型满足施工安全性及功能上的需求

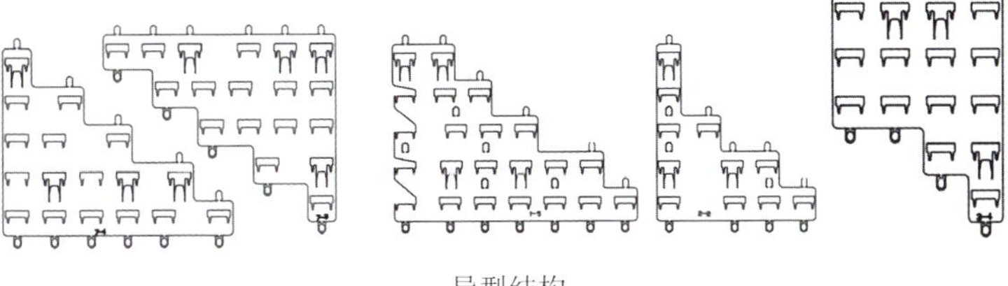
异型结构

46 根钢架结构并非完全相同，每根钢架都有转角、斜角的设计，其植物的安装就必须考虑到这些异型结构的独立设计、加工、生产。因而，异型结构分别独立设计其种植框架，以供基本种植单元的安装

3.2.2 让设计图纸上的植物变为可能

随着项目的深入，发现这个项目的难度超乎我们的想象。甲方提供的设计图纸只是一个概念，仅按图纸，要作出一个令人满意的景观效果几乎不可能。我们必须对其进行相应的深化和再设计。而且法国馆的立体绿化和我们以往作过的立体绿化有很大的不同。植物品种繁多、绿化形状多变、植物如何存活养护、安全保障措施等问题都需要很好的解决。光是植物品种的选择就和法方进行了不下几十次的沟通。因为法方所选择的植物很多都不适合在上海生长，甚至在国内都还没有引进。我们不断地寻找和询问同行和朋友，哪里有我们想要的品种，并实地去看；有些品种实在找不到，就和法方沟通，选择相近的品种替代。每一次设计的变化和植物品种的选择必须经过法方的签字认可方可继续。

花叶箱根草　冬麦　花叶野芝麻　大叶黄杨

帽蕊忍冬　金叶过路黄　金叶亮绿忍冬　地柏枝

蜘蛛抱蛋　梓木草　山冬麦　老鹳草

玉簪　心叶牛舌草　肺草

芸薹　纽扣藤　遍地金

望春花　罗勒　欧黄堇

红花吊钟柳　朝天椒　一串红　紫苏

3.2.3 世博开幕前一个月，开始施工冲刺

解决了花盆的问题，我们还要考虑如何让这个花盆挂在几十米高的钢架上。这不仅仅是一个技术问题，更是个安全问题。一旦安全不过关，造成的后果将不堪设想。种植框的设计过程和花盆也有相同之处，因为每一次花盆的变化都会影响种植框的形状和结构。从最初的可折叠网片到钢筋焊接种植框，开模制作塑料框体做了不下 10 套方案，最后找来了制作不锈钢产品的公司，将设计好的图纸加工，做成了一个可以开关的种植框，以背包的形式挂在钢架上并将其牢牢固定。此外，还改进了立体花坛传统的滴灌方式，原先的方案需要 30,000 个出水滴头，改进后只需 3000 个，大大降低了灌溉的施工成本。施工方在苗圃里以 1 ：1 的大小做了法国馆的两个钢架模型，将做好的花盆产品安置在上面，每天观察植物的生长状况，如有问题马上对产品作出修改。

等到各个环节都已经基本确定，距离世博会开幕就剩下不到一个月了。经过一个月的紧张施工安装，法国馆的 46 根钢架终于挂上绿色植物。

法国馆的中心为一个“法国式”花园，沿着内庭园的立面竖向铺开，并且延伸到屋面之上。用钢架焊接好的几何形体，用种植毯、无纺布等材料，搭建出框架，栽种绿植，通过安装种植框架及自动滴灌系统，采用瓜子黄杨进行大面积立体种植。这一片片绿色，不但成为自然生态空气过滤器，还体现了城市人对于绿色空间的向往。

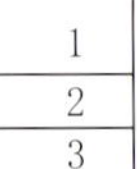

1 2010 年 3 月施工效果
2 水雾连接绿色幕布，营造华美仙境
3 法国馆墙体绿化特写

3.3 英国馆室内绿化

英国馆的外形酷似一朵巨型“蒲公英”。相信有很多人都非常喜欢这朵好似悬浮于空中的蒲公英。6万根带有种子的亚克力管像极了蒲公英种子上的白色冠毛结成的一个个绒球，随风摇曳。英国人称此为“种子圣殿”，因为在每根“触须”顶端都嵌有不同种类、形态各异的植物种子。

整个英国馆和植物相关的有三部分，绿色城市区、种子圣殿和活力城市区。很多游客排了两三个小时的队，进了圣殿，以为参观就到此为止了，失望者大有人在。但实际上，大部分游客错过了属于开场白的绿色城市区和极为精彩的尾部“植物河”。它们和“种子圣殿”一起，才能把英国馆的故事说全。

种子圣殿中的植物约为 26 万粒、900 多个品种，游客可以很清楚地看到绿豆、南瓜、玉米、开心果等人们常见、常吃的食物的种子。亚克力材料制作成的方形杆长达 7.5 m，末端有 1 m 多在室外，室内这端是种子。每一根亚克力杆的里面，大种子只有 1 粒，小种子会有 3、4 粒。装在这种无色透明的特殊有机玻璃里的种子，让人联想到琥珀里面栩栩如生的昆虫。

在构思这个种子圣殿之前，设计师去了著名的英国“丘园（KEW）”种子银行。这是目前世界上最大的种子银行，收集并储存了世界上 10% 的植物种类的种子，其中大部分是开花植物。由于种种原因，越来越多的植物正濒临灭绝，而通过从“银行”取出存放的种子繁殖，可以确保植物多样性的持续发展。

游客离开种子圣殿，将进入一条名曰“活力城市”的走廊。整个活力城市区域是通过一条“植物河”展示植物的各种用途，由八种类型的真实植物和八个模型植物构成。植物从顶棚的巨大裂缝里喷薄而出，仿佛在诉说着种子长大后的故事。

1 英国馆外景拍摄
2 英国馆“植物河”

一、英国馆的真实植物

让我们先看看有哪些不同功能的真实植物吧。

1. 净化空气植物：如白鹤芋、常春藤等
2. 节能植物：中华景天、铺地百里香、五叶地锦等
3. 药用植物：薰衣草、迷迭香、金丝桃等
4. 食用植物：生菜、芹菜等
5. 生物燃料植物：蓖麻
6. 水土保持植物：血草、天蓝须芒草等
7. 抗污染植物：金叶接骨木、桃叶珊瑚等
8. 可生产塑料的植物：柳枝稷

二、英国馆的"未来植物"

一些真实植物的用途许多人都已经了解，吸引游客放慢脚步的还是那些被设计师称为"未来植物"的模型，每一种未来植物都有其神奇的功能。

1."摇钱树？"

植物可以帮助发掘矿藏，他们的根吸收金属元素，并将其贮存在茎和叶中，这就是植物的采矿过程，在国外，锌和银已经能够"商业化"的收割了。其实植物的采矿过程实质是运用了植物的土壤修复功能，并将富集在植物体内的金属元素回收再利用，国内的植物土壤修复功能已经有了深入的研究，相信其回收再利用也会有更深入的研究并早日商业化运作，那这种类型的植物既能修复土壤，又能创造价值，那可是名副其实的"摇钱树"了。

2."用蘑菇让房间安静下来？"

蘑菇是一种菌类植物，可食用的蘑菇已经成了人们餐桌上的美食，不仅好吃而且具有镇痛、抗癌等食疗功能。你可能无法想象蘑菇还可以让房间安静下来，建筑物上成片生长的海绵状蘑菇石一种替代性的抗噪声系统，其隔音效果完全可以媲美录音棚里的专业吸声板。

1	4	
2	5	7
3	6	8

1 英国馆植物实景拍摄
2 摇钱树
3 用蘑菇让房间安静下来
4 我们可以种植电脑吗
5 一叶防贼
6 抗污染植物和会吃掉自己的模型植物
7 植物也有记忆力吗
8 树能否成为信息的使者

3.“我们可以种植电脑吗？”

科学家们已经可以用那些在水分和土壤里吸收了重金属的真菌来制作电子电路了，通过在小碟子里培育这些含重金属的真菌，科研人员已经可以种出完整的电脑芯片，因此可以设想以后我们使用的电脑不是工厂里生产出来了的而是种植出来的，人们也就不用再担心废旧的电脑如何处理才不会污染环境了。

4.“一叶防贼？”

说到仿生学，每个人都可能略知一二。从苍蝇到宇宙飞船、从萤火虫到人工冷光，从电鱼到伏特电池，科学家们的兴趣大多集中在动物和昆虫身上。不过植物的某些特殊功能也引起了科学家的重视，如防水衣就是仿荷叶造的，某些植物的叶片具有反射性，如银蕨，其晶体光学结构就像雪花结晶一样，每一片都是独一无二的。这些光学效果，启发人们发明超级安全且不可复制的光学钥匙，或许就能发明出用于身份证识别和跟踪的终端设备。设想我们只要在家里种上一盆这样的植物，就不用担心家里被盗了。

5.“会吃掉自己的植物？”

开发生物燃料的障碍之一是将作物转化为燃料的费用。科学家们正在研究如何让这些作物尽可能地自己转化为燃料。基因修改测试已经培育出一种草，它可以打断自己的纤维，相当于将自己消化，然后做好发酵酒精的准备，这也许能够降低生物燃料的成本。你认为培育自己吃自己的植物是个好主意吗？

6.“植物也有记忆力吗？”

我们都知道动物有记忆力，植物也会有记忆吗？这一直是科学家们研究的课题。有些植物学家认为，某些植物也可能拥有自己内在的记忆和智慧，能够从过去的经验中学习。如果这些植物生长在城市环境中的话，它们会不会注意到生存空间有限而为同类腾出地盘呢？

7.“树能否成为信息的使者？”

生物学家们早就发现，植物尤其是同类植物之间是完全可能进行“语言”交流的。研究发现松树、榉树和橡树，它们的树脂本身就具有电导性，当这类树木被接入到一个外来传递信号，它们就变成了一种天然的无线网络来传递信号，而这对树本身没有任何危害。设想如果手机天线和电视无线信号被树取代，人们在使用手机时就不用担心辐射了。

8.“植物可以阻止流行病的蔓延吗？”

李时珍的《本草纲目》记录了许多种植物的药用功效，其药效我们只能感受得到，但我们的肉眼无法看到病菌是如何繁殖的，其药草是如何杀死这些病菌的。想象一下如果能够看到这些病菌繁殖的话，情况又会怎样？如果有这样一种植物，在受病菌侵害时能够用颜色、形状或者生长的精度发生预警信号，人们就可以早做预防，防止流行病的蔓延了。

有了植物的建筑就像有了灵气，英国馆通过展示植物的功能，以及不同种类的种子，一定能唤起更多的人保护植物并合理地应用植物。英国馆的主题是“传承经典，铸就未来”。让我们畅想一下未来的植物生活吧，住在用蘑菇墙来降低噪音的屋子里，使用的手机和电脑的芯片是用真菌制作的，其信息传递是通过您家花园的树传递的，花园里还种着可以防贼和预测流行病的植物……。

1	4
2	5
3	6

■ 1/3 英国馆植物实景拍摄
■ 2 植物可以阻止流行病的蔓延吗
■ 4~6 加拿大馆实景图

3.4 加拿大馆墙体绿化

美丽的自然风光和丰富的资源让加拿大人对“可持续发展”尤为重视，在建筑上处处都体现了可回收利用的技术应用。展馆外部的墙体上覆盖一种特殊的温室绿叶植物；雨水将使用排水系统进行回收并重新利用。这些都充分展示了其主题“充满生机的宜居城市：包容性、可持续发展与创造性”。

走进加拿大馆，首先看到的是一个巨大的庭院，背景是一片 40 m 长、15 m 宽的常青植物墙，这个馆的墙面绿化是以种植槽为单位拼接而成。

加拿大馆特别根据上海的气候和植物的生长条件，选用了金边大叶黄杨和海桐两种深浅不同的绿色植物，以扦插的方式植入种植槽中，勾勒出加拿大某城市地图形状，表达绿色城市，美好生活的理念。这种立体绿化方式能使植物高度基本一致，景观效果非常好。

加拿大馆垂直绿化系统由防水、外墙的绿化模块、固定结构系统、浇灌及排水系统组成。其安装也要经历一道道程序，从种植盒体和配件生产到盒体的组装、编号，再到绿化钢结构制作安装，浇灌排水系统的安装，防水处理、绿化模块安装等多道工序。

3.5 法国阿尔萨斯馆绿墙

阿尔萨斯馆，位于浦西“城市最佳实践区”一角，与罗阿案例馆、汉堡之家及澳门馆毗邻，极富特色，被誉为“会呼吸的建筑”。

从远处看，建筑与地面形成一定的斜角，从侧面看，其纵剖面接近于一个不等腰的梯形。它的主要看点还是集中于南立面，斜斜的墙面由两部分构成，一部分是被青枝绿叶覆盖的“绿墙”，另一部分是整片的白玻璃幕墙，有流水循环其间。墙面就相当于一部“自然空调”，通过控制，能有效实现室内的“冬暖夏凉”。

阿尔萨斯馆的原型，是法国阿尔萨斯布克斯韦尔中学的“太阳墙”，在当地主要应用于冬季供暖，但考虑到上海夏季高温潮湿的气候特点，又增添了夏季功能。利用“流水”等设计来制造降温效果，确是阿尔萨斯案例馆的精妙之处，也是馆方对世博节能主题充满想象力地诠释。世博会后，这个馆将保留。

1 | 4
2 | 3

■ 1 植物特写
■ 2 秋景
■ 3 春景
■ 4 夏景

斯案例馆
ALSACE

3.6 “沪上·生态家”露台绿化

“沪上·生态家”的原型是位于上海市闵行区的我国第一座生态示范楼。作为国内首座“零能耗”生态示范住宅，该建筑的一大优点是高效利用太阳能，屋顶上巨大的太阳能光热设备可为整幢楼提供能源。

“沪上·生态家”始终坚持打造节能环保建筑，遵循“天和——节能减排、环境共生，地和——因地制宜、本土特色，人和——以人为本、健康舒适，乐活——健康可持续价值观”的案例主题，尤其关注节能环保，倡导乐活人生 LOHAS（Lifestyles Of Health And Sustainability）。

此项目将运用 70% 的既有成熟技术和 30% 的未来前瞻技术示范来体现生态建筑的技术亮点。主要采用了绿色、环保、节能、低技手法等生态技术，包括太阳能一体化建筑技术、天然采光和 LED 照明技术、雨污水综合利用、自然通风技术、夏热冬冷地区节能体系、浅层地热利用、热湿独立空调系统等。南立面阳台门窗、西立面绿化及屋顶花园夏季可降低直射阳光对于屋顶、墙面的辐射热。

“沪上·生态家”由上海植物园专家选取适合上海地区气候和土壤条件的乡土植物，在智能化控制绿化微灌系统的支持下，各类植物均实现现场整体拼装，并可根据气候变换等原因轻松调整植物种类。

1	2	3	4
5	6	7	8

- 1/2/5 “沪上·生态家”实景
- 3 楼四周下沉式水塘，种植挺水植物和浮水植物
- 4 室内用耐阴植物绿萝装扮，美化环境，净化室内空气
- 6 露台绿化
- 7 碰碰香花柱
- 8 生菜 + 草莓 + 红叶甜菜组成室内菜园

所有展示蔬菜均来自多利农庄
vegetables provided by: tony's farm
所有展示蔬菜均来自多利农庄
vegetables provided by: tony's farm

1 | 2 | 3/4

■ 1/2 室内用耐阴植物绿萝装扮，美化环境，净化室内空气

■ 3 楼四周下沉式水塘，种植挺水植物和浮水植物

■ 4 软叶针葵 + 苏铁 + 棕竹 + 红掌 + 绿萝 + 凤梨科植物组成室内景观

3.7 中国船舶馆绿墙

中国船舶馆建设在江南造船厂原址上，具有特殊的历史意义。140 多年前，我国第一家民族工业企业——“江南制造局”就诞生在这里，它是中国近代船舶工业发展的一个重要里程碑。江南造船厂是上海工人阶级的摇篮，也是我国现代造船工业发展的重要基地。

在中国船舶馆室内展区，一个“漂浮农场船”的模型引起了很多人的关注。这个模型长度超过 1 m，船头不但有绿油油的蔬菜，还有好几台风力发电机；船尾，则在立体栽培的蔬菜架子上安置着大量的太阳能电池板；中段宽敞的甲板区，一群母鸡在草地上吃食，一条条鲤鱼在水中欢畅地游来游去。

采用垂直盆栽和垂直绿屏两种形式将场馆原有钢柱进行绿色装饰，将钢柱过渡为“绿柱”，通过模块化的绿化形式进行布置，不但缓解热岛效应，还实现场馆绿色生态效应。

1 | 2
3 | 4 | 5

■ 1/2/3/4/5 中国船舶馆实景

3.8 宝钢大舞台绿墙

宝钢大舞台原为上钢三厂的特钢车间，总体设计遵循世博园区的总体规划理念，保留厂房的结构体系加以改建，并使建筑充分融入环境。设计时尽可能地保留原有厂房建筑的结构体系，以延续历史记忆。

宝钢大舞台的屋顶西、南立面设置了种植绿化以隔绝夏季的太阳辐射热，降低表面温度。在入口空间和南侧种植墙面局部采用水喷雾系统，从而缓解过高的温度。在主观众区上部设置直吹坐席的风管送风系统，将取风口设在比较阴凉的架空层下部。为提高通风效果，宝钢大舞台呈东西向，南面是上海夏季主导的风向，北面则是开阔的黄浦江，非常有利于形成凉爽的穿堂风。送风系统在人员密集时使用，通过增加体表的空气流速，提高温度耐受性，让观众能更安心地观看演出。为了保证大舞台架空平台下部植物的存活，增加观众的视觉层次感，架空平台上安装了多处镂空的楼板，使竹子等高大植物可以穿过楼板生长，为钢筋铁骨的大舞台增添了自然清凉的绿意。

生态绿墙的栽植盘由栽培单元、卡座、栽培盘（底盘）三项组合而成。这套组合最大的优点是能让植株获得最大限度的根系生长空间。在苗圃内，栽培单元加入超轻栽培介质（内含吸水介质）后，植株在栽培单元内直接培育，经过一到两个月的生长，植株已枝繁叶茂，此时将超轻栽培介质均匀填充于栽培盘底部，再通过卡座将栽培单元稳稳地卡在栽培底盘上。

整个栽培盘由 36 个单元组成，而植株的根系可以透过栽培单元和卡座直接生长到栽培底盘的介质内。有了底盘介质的保障，即使栽培单元内的介质由于强风和暴雨的冲刷有所流失，也不会造成对植株的影响。最后就可以将整套栽植盘安装到绿墙的固定框上，再用螺母、垫圈、弹性垫圈将安全防护网锁在固定框上，防止植栽意外掉落。防护网罩用的是 9 mm 的圆钢，可以将每一个栽培单元横向固定，保证其不从栽培盘上掉落。

生态绿墙的给水系统没有使用目前常用的滴灌系统，而是采用大口径直接给水，在不知不觉中给绿墙的每棵植株提供充足的水分和养分。

3.9 世博轴边坡绿化

世博轴是上海世博会永久性建筑之一，南北长1045 m，东西宽 99.5 ~110.5 m，东、西两侧为永久绿化边坡，采用了生态袋、生态毯等高新科技。大型的绿化景观铺设，使钢筋水泥的世博轴看上去绿意盎然。世博轴利用阳光谷及中庭洞口、斜向绿坡、灰空间敞廊等设计方法，将自然光引入地下一层、地下二层，使室内空间具有水平和竖向开敞的特点，充分利用自然通风及采光，改善室内空气品质，从而节约能源。且阳光谷和膜结构收集的雨水汇总到地下水渠中，进入雨水收集池，再利用收集池中的雨水来浇灌地下一层的敞廊旁绿坡，使游客们在休憩时充分享受大自然。世博轴还采用黄浦江水源和地源作为冷热源，减少大型建筑对环境的影响。

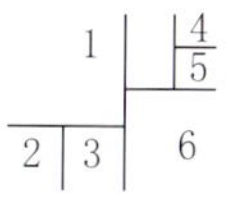

- 1 宝钢大舞台实景
- 2 鹤望兰 + 鱼尾葵 + 龟背竹 + 变叶木 + 澳洲鸭脚木在水池中央组成精美室内景观
- 3 原有的钢炉、冷却管、巨型螺栓等构件被制作成大小不一的雕塑，分布在大舞台内外，成为一道景观。
- 4 鸟瞰世博轴
- 5/6 世博轴边坡绿化

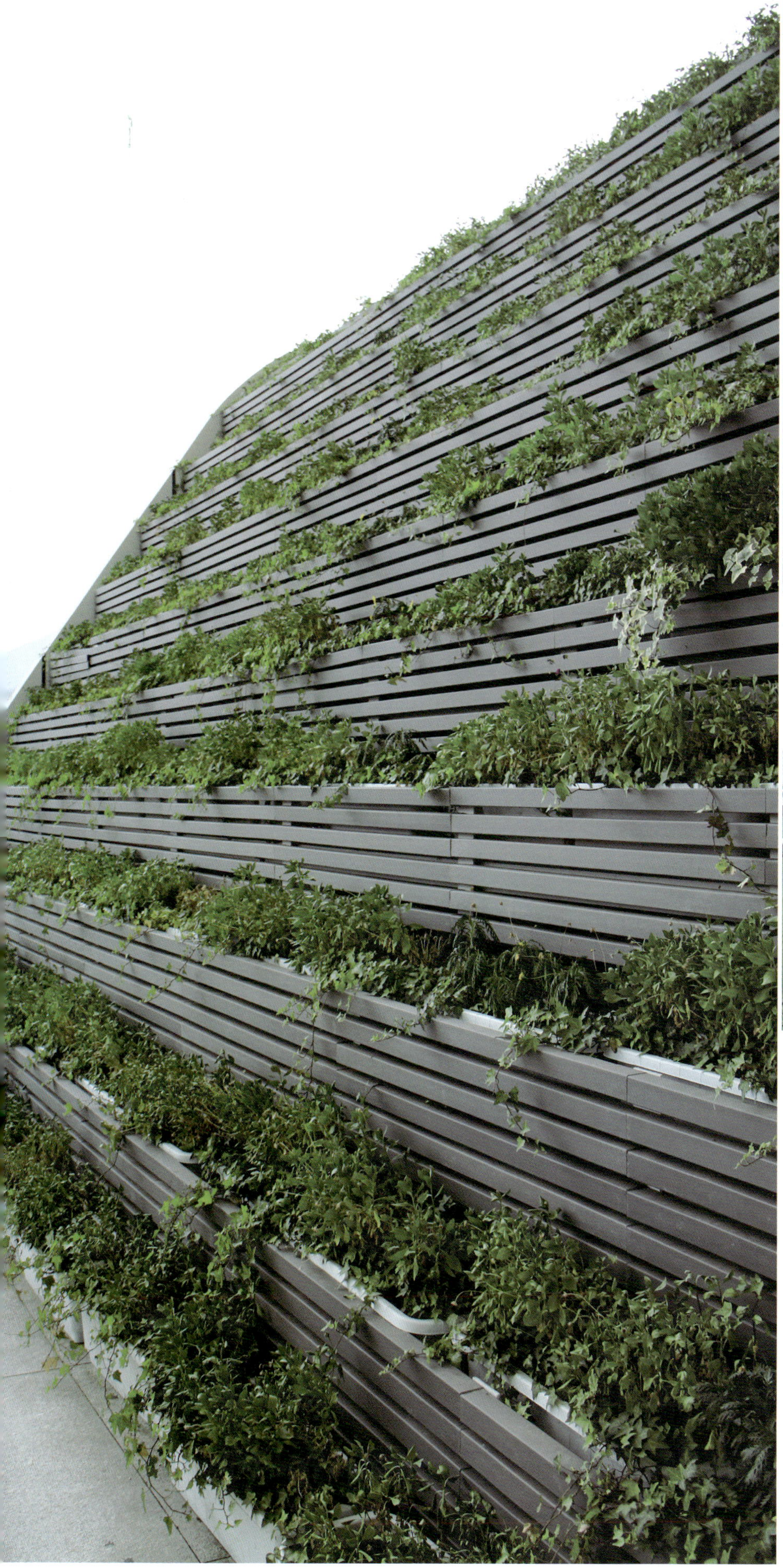

1	3	4
2		5

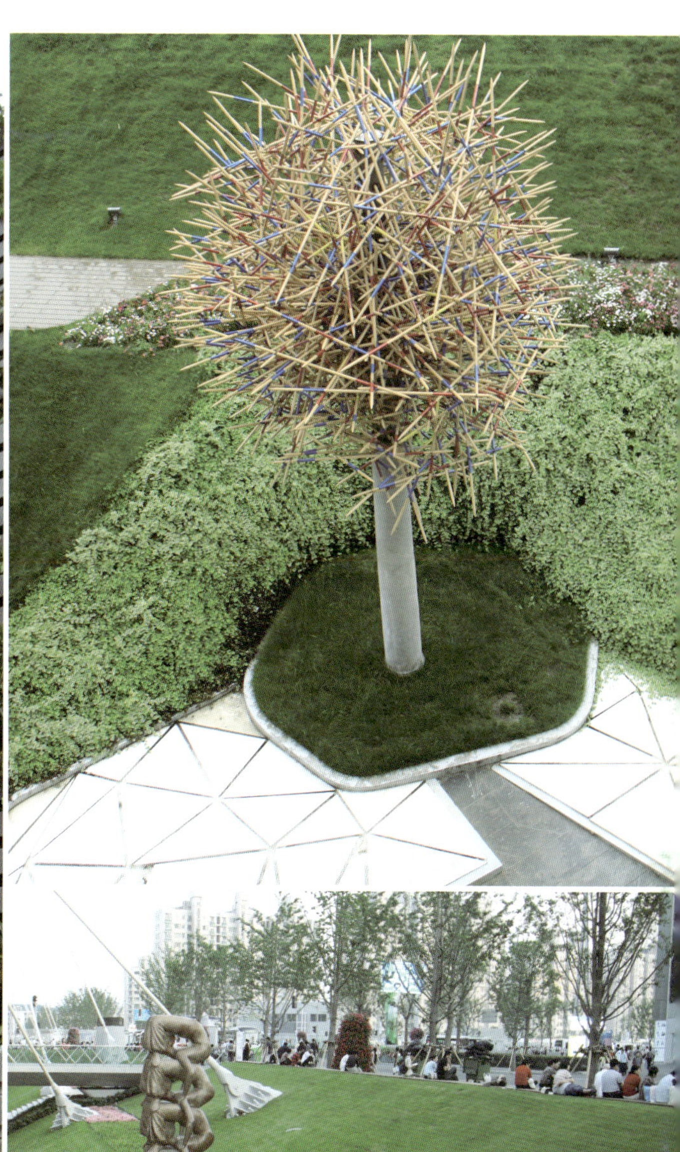

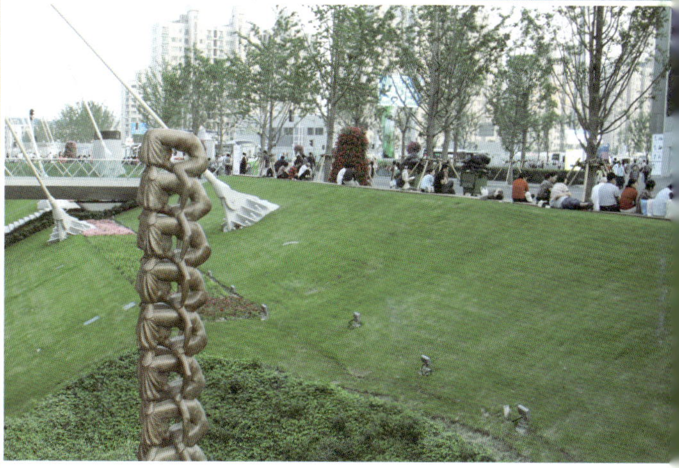

■ 1 “和和”“美美”是一对憨态可掬的大熊猫，由镜面不锈钢制成。

■ 2 世博轴边坡草坪与花境

■ 3 世博轴实景

■ 4 米卡多塔树

■ 5 叠罗汉小品，增加了世博轴的趣味

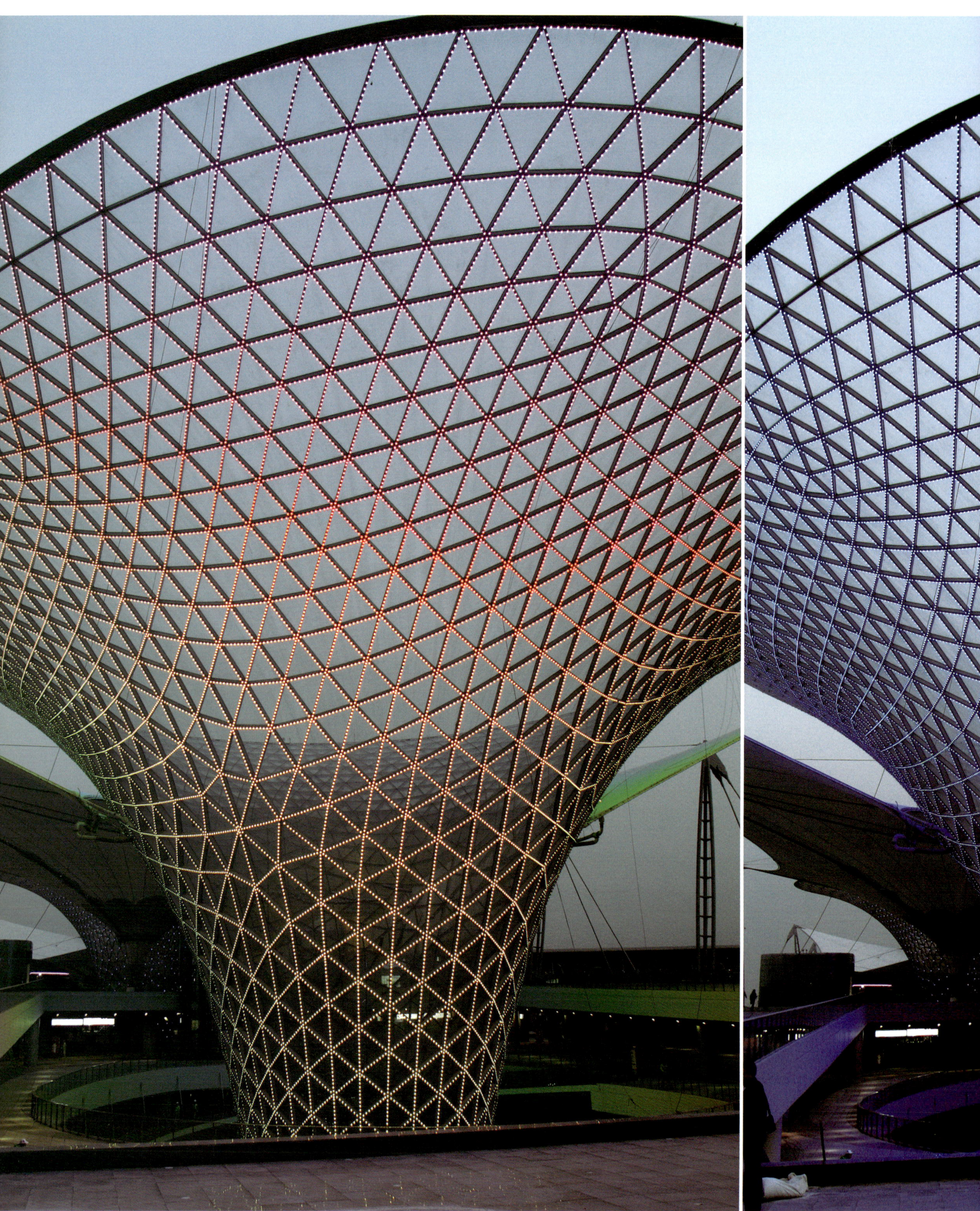

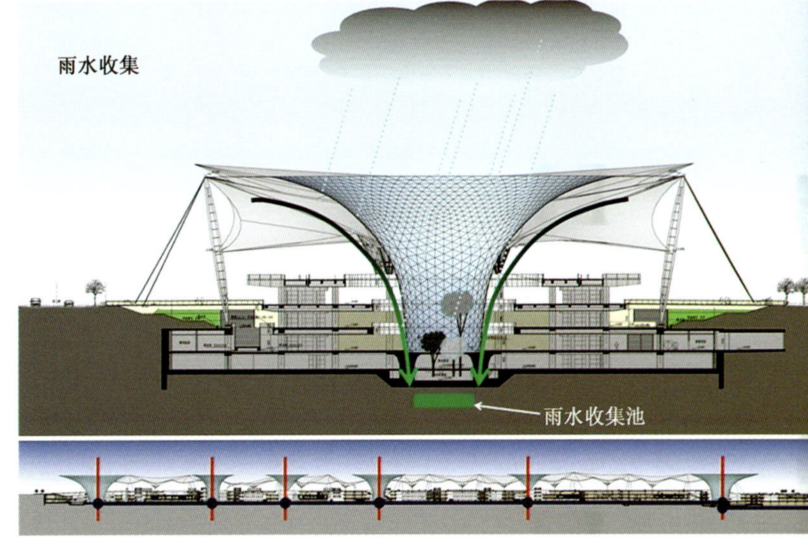

1 | 2 | 3/4

1/2 阳光谷夜景

3 世博轴阳光谷

4 阳光谷和膜结构收集的雨水汇总到地下水渠中禾

1 | 2 / 3 | 4 / 5

■ 1/2/3/4/5 "小丑"火棘＋花叶蔓长春

3.10 高架步道绿化

高加步道绿化在上海已有近 20 年的成功实践经验，上海世博园区高架步道全部实施了绿化，改善公共空间环境质量的同时增加了建筑物的柔性之美。

3.11 世博园区围栏绿化

上海世博园区有5.28 m^2 的围栏区，围栏绿化成为一个很难解决的问题，怎么让植物快速爬满围栏，又能使成本最低化，建造者们用农作物扁豆和攀橼植物茑萝作为主要的绿植，巧妙地解决了这个问题。

3.12 世博元素花墙

给墙体插上观赏植物，让建筑“披绿装”……

如今的绿色墙面可以克服传统墙面的缺点，它们往往更加美观，可以自动浇水，植物类型多样，使用人工土壤，维系简便。新意义下的绿色墙面在遮挡阳光的同时，由于植物蒸腾还能起到抑制温度上升的作用。其实，不仅仅是降低温度，作为绿色空间它还可以增加良好氛围，慰籍我们的心灵，还能给予我们自然清新的感觉。

墙体绿化的作用不仅仅是美观，它还能有效解决空气污染、热岛效应、耗能惊人这些“城市病”，更广泛的墙体绿化将是未来城市的发展趋势。

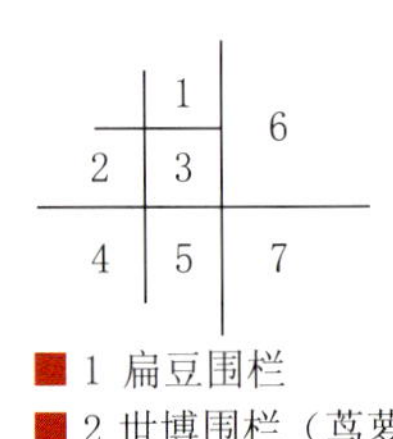

■ 1 扁豆围栏
■ 2 世博围栏（茑萝）
■ 3 槭叶茑萝
■ 4~7 世博元素花墙

4 世博园绿地系统

世博园绿地系统

世博园的绿地系统是世博建设最重要的组成部分，它由地面绿化和特殊空间绿化共同组成，地面绿化是绿地系统的基础部分，特殊空间绿化是地面绿化的升华与补充。世博会期间它们担负着为大量人群提供休憩、停留、等候场所的任务，同时净化园区空气、降低噪声、湿润降温、安全避灾休闲娱乐场所、普及文化等多种功能。

本章重点介绍绿地系统的几个亮点，世博公园、后滩公园、亩中山水、活水公园，它们都以各自的鲜明特色，赢得了各界人士的好评。

4.1 世博公园

世博公园担负着 2010 年上海世博会特殊的形象特征，在满足展会举办期间的功能使用前提下，也必须成为城市公共开放空间的重要部分，是世博园区基础设施中的核心亮点，是园区最精彩的标志性开放空间之一。

世博公园的规划用地，北临黄浦江、南至世博大道、西起打浦路隧道、东至世博园区东部水门，用地面积约 24 hm^2，另外相关设计协调用地包括庆典广场、特钢大舞台。

世博园区绿地规划总体结构以“一核、一轴、两带、多楔”为主，由黄浦江向两侧城市空间延伸，实现“蓝绿相依、绿网交织、绿楔深嵌、绿链相接”的生态网络系统结构特征。

世博公园中地铁、隧道、市政大桥的穿越；与世博轴、演艺中心、世博中心三大永久建筑用地交接；与电力、排水等多项市政设施交叉，各种的场地限制使世博公园的设计和建设面临着许多巨大挑战。在设计中就未来面对的需求与挑战，设计构思巧妙的运用了“滩”“扇”两大独特设计。在黄浦江岸边模拟出

一种原始的“滩”的状态，各类植物都呈现一种自然生长的布局，再由珍贵的植物点缀整个“扇面”。60多个品种的4000多棵大型乔木构成折扇的“骨架”，其中还有难得一见的“东方杉”。在这轴画卷中，乔木层形成上层体系，下层体系包括道路、灌木、设施、场地，是一种起伏与动态的关联，做到自然生态与城市人类活动完美的融合。

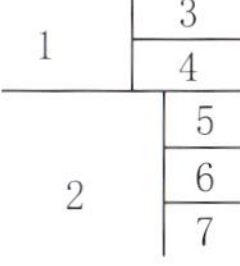

■ 1 商店的墙体绿化
■ 2 世博公园绿地规划设计平面图
■ 3 现代派雕塑，分外引人注目
■ 4 营造人性化的园林景观
■ 5 2009 年 3 月 17 日　笔者站在世博公园工地拍摄建设中的演艺中心
■ 6 高高的搭吊使人们回忆当年繁忙的码头
■ 7 乔木与花的对应

屋顶植物绿化大大降低建筑物的能耗，通过植物的蒸发作用调节室内的温度，达到一定规模的屋顶绿化能降低整个区域的气温。结合服务建筑设计，在公园中将屋顶做成可上人的绿化景观设施，将活动、休憩与屋顶绿化结合在一起，增加人流停留休憩的平台空间。

世博公园 A3 公共服务建筑，外墙由覆盖绿色植物的金属钢架构成，植物在位于钢架底部的可分解槽里生长，植物一旦被装置好后，可分解槽就会被泥土完全分解掉。其简易安装及产业化生产，促进垂直绿化产业的革新。

1 | 5 | 6 | 7
8
2 | 4 | 9
3 | 10

- 1 卢浦大桥下的雕塑《都市草人》
- 2 富有变化的水渠
- 3 观光木质廊桥，给观众登高远望提供便利
- 4 水渠与道路，体现了“扇骨”的设计理念
- 5 均匀分布的乔木林，将人们的视线引向黄浦江畔
- 6 节俭而不失文化
- 7 时尚而不失传统
- 8 微地形与公园气氛的营造
- 9 现代派雕塑，分外引人注目
- 10舒适而不失生态

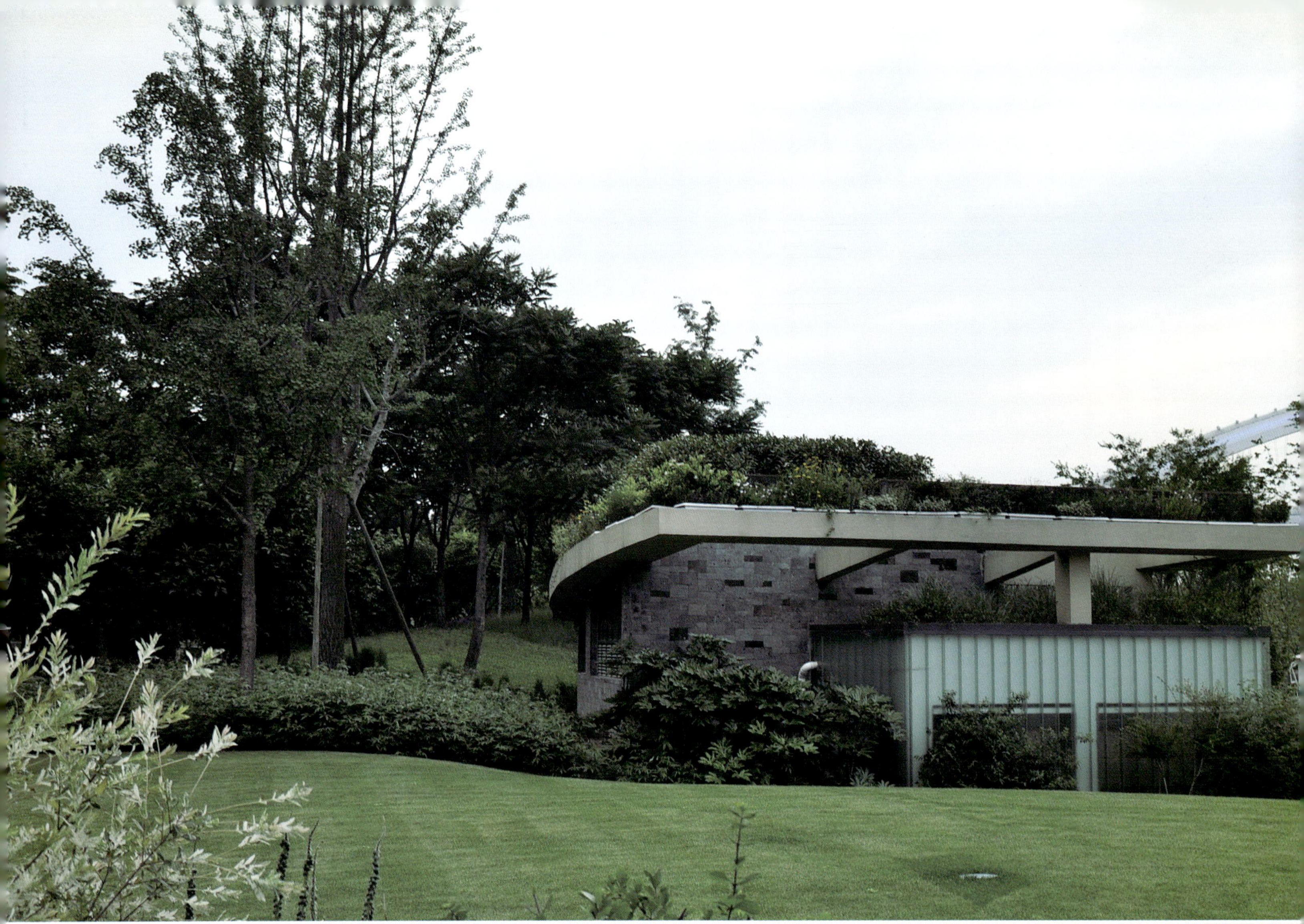

1
2
3

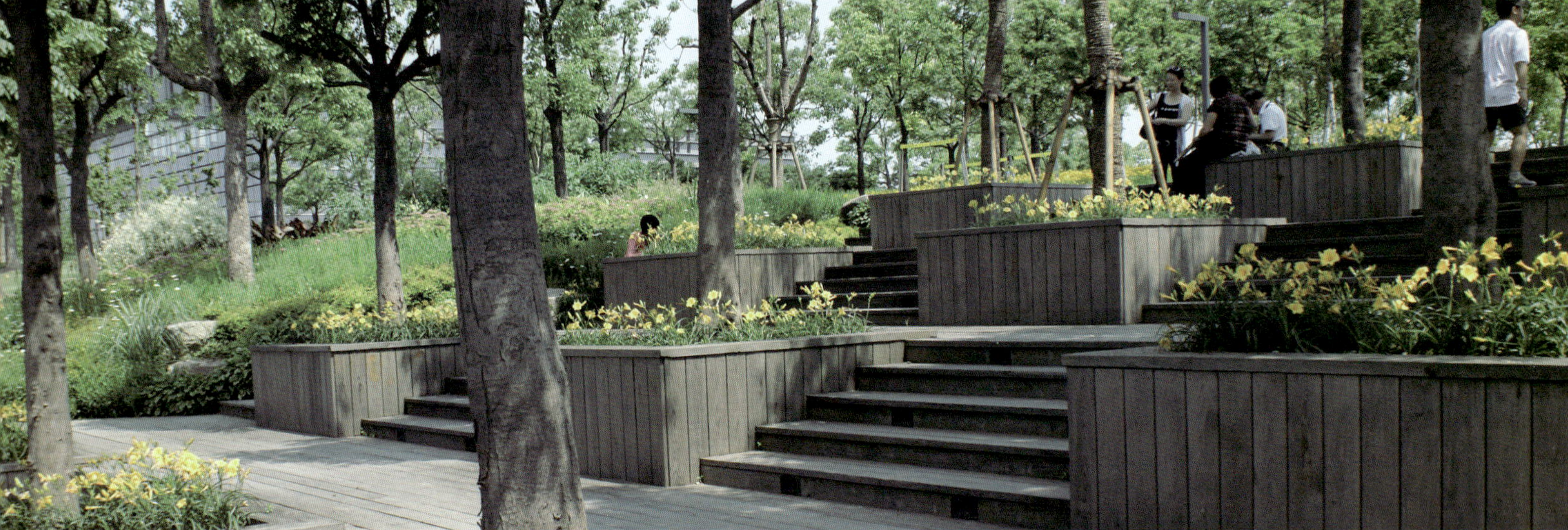

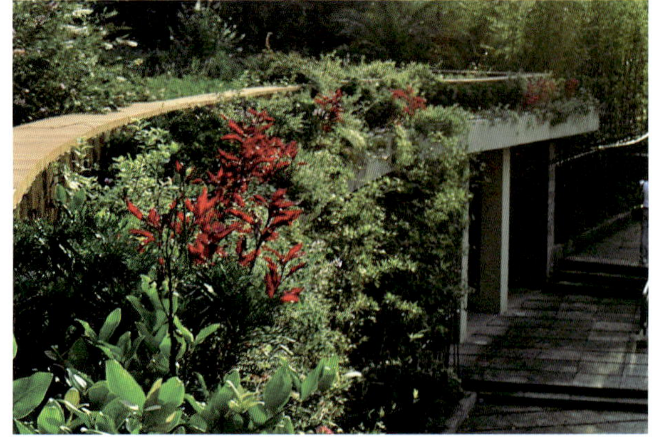

■ 1 自然而不失精致
■ 2 规整的绿荫道
■ 3 檐口绿化——世博公园 A10 公共服务建筑

1		
2		
3	4	5

- 1 高高的塔吊让人回忆起当年码头的繁忙
- 2 世博公园实景
- 3 种植槽内扶芳藤
- 4 此长凳由 856 个牛奶饮料纸包装再生利用制成
- 5 白天鹅、绿头鸭、黑水鸡……世博绿地成为野生鸟类、水禽栖息的乐园

4.2 后滩公园

后滩公园位于世博园园区西南角，黄浦江之东岸，东界为浦明路，西至倪家浜，北望卢浦大桥，为狭长的滨江地带，占地面积约 14 hm^2，沿黄浦江岸线全长 1.8 km。这里是受黄浦江水流冲积而成的滩涂，在建设为公园前，这里建有上钢三厂、船舶修理厂，环境污染比较严重。由于水质发黑发臭，滩涂的水系里几乎没有鱼虾，野鸟自然也不会光顾这里。

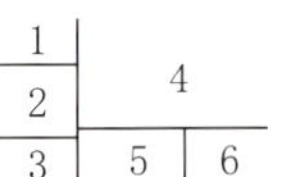

■ 1 后滩公园平面图
■ 2 水位低时江滩的原貌
■ 3 就地取材，利用废钢制成的凉棚景观，供游人休憩
■ 4 受黄浦江水流冲积和潮汐作用，自然形成的一片泥沙堆积区域
■ 5 河水清澈，水中植物郁郁葱葱，一派生机盎然的景象
■ 6 公园设计者特意保留了这种原生态的滩涂和植被

后滩公园以“双滩谐生”为结构媒介，一指外水滩地，二指内水滩地。外水滩地主要是指原生湿地和与黄浦江直接相邻场地的恢复湿地，这里通过改造将形成抵御风暴潮的天然屏障，降低洪水风险；而且将强化湿地的生物净化功能，缓解黄浦江的水质污染。内水滩地主要是指场地中部的人工湿地，这里将起到自然栖息地、水生系统净化、湿地生态的审美启智和科普教育等功能。通过湿地、土壤和动植物群落等的保护与恢复，重现有浓郁地域特色的城市湿地公园景观。

后滩公园的核心设计理念是将景观作为一个生命的肌体，设计一个活的系统，为城市提供全面的生态服务，包括生产氧气和吸收碳排放、调节自然生态过程、净化被污染的土地和水、提供乡土物种栖息地和传承文化等，为 2010 上海世博会提供一个展示生态文明的独特场所。

来自黄浦江的劣五类的水，从取水口流经引水渠，江水沿着滴水瀑缓缓流下，在生物膜的作用下得到初步净化，最终，通过水生态系统的逐级净化变成三类水。

通过湿地生态系统的逐级净化，水体的整体指标达到三类水标准，其中，水体的总磷等指标可达二类水指标要求。目前，后滩公园每日水处理量可达 2400 m^3。

1 | 2

■1/2 后滩公园的水系中挺水植物、湿生植物和浮叶植物，构成了一个完整的水生态系统

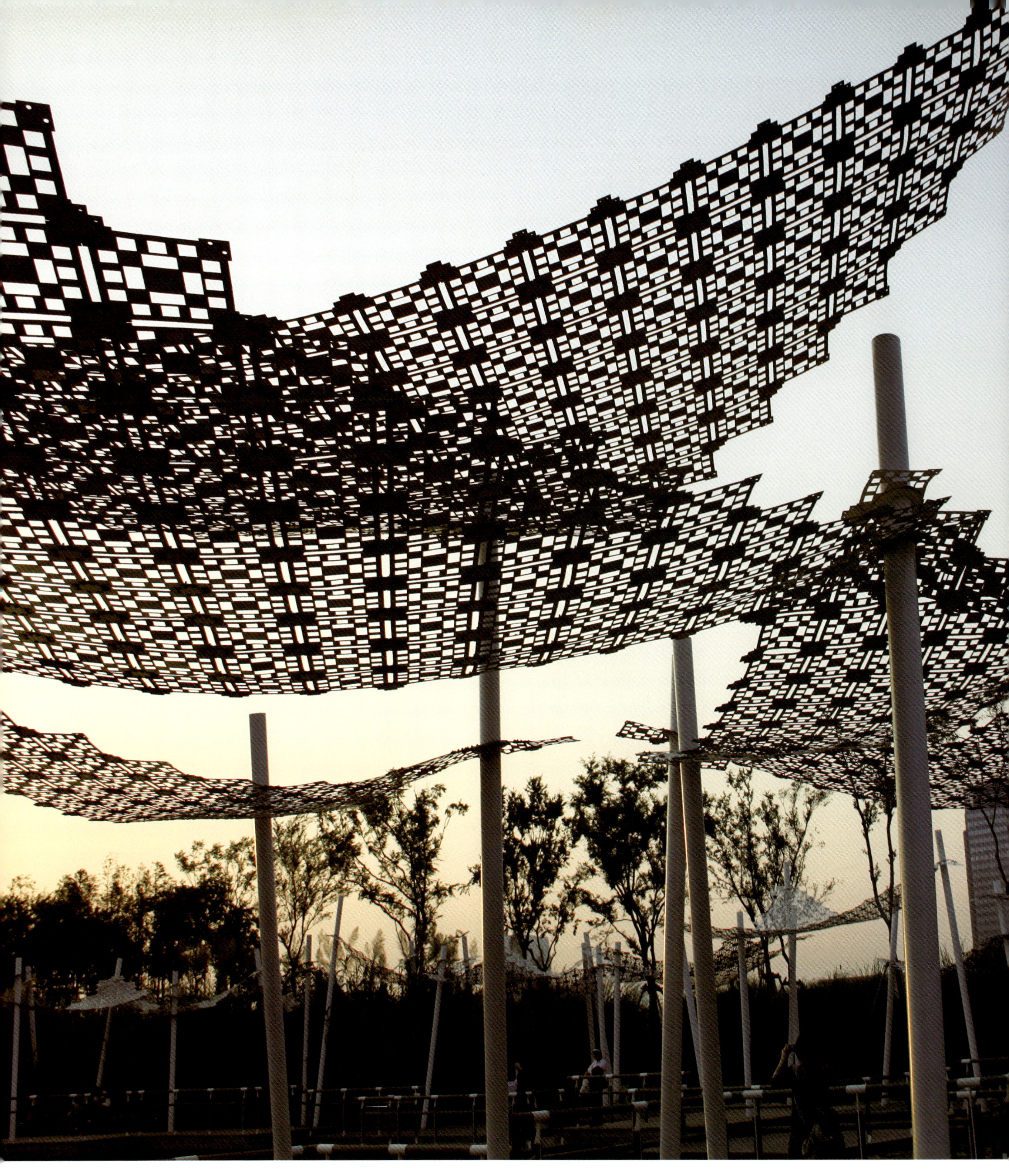

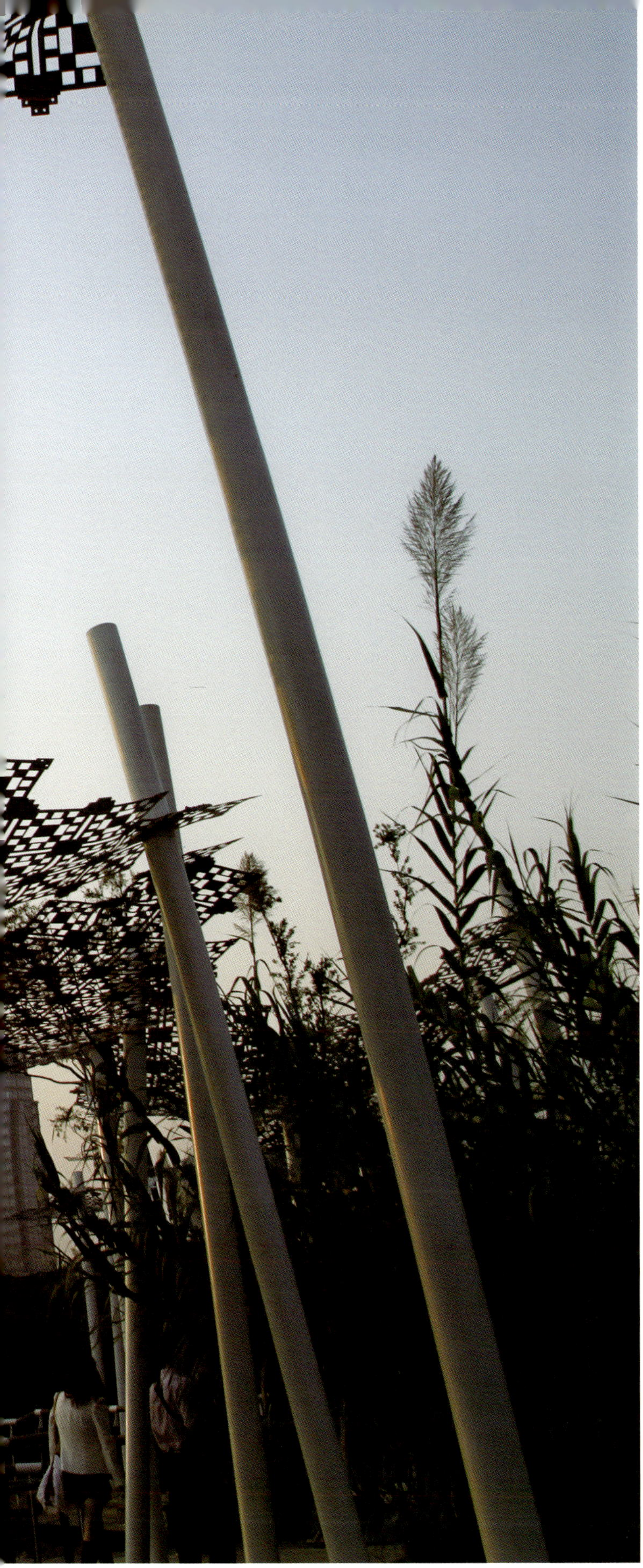

1 | 2 / 3 / 4

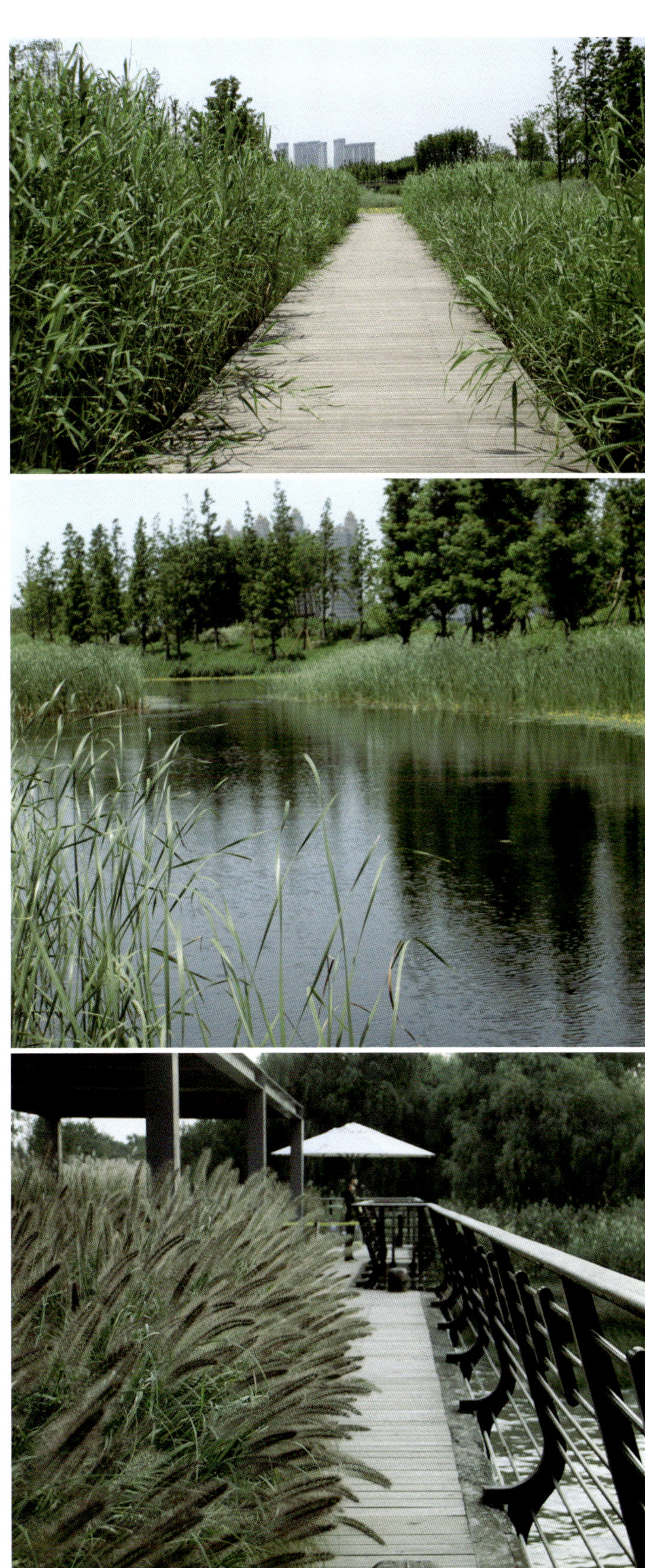

■ 1/4 后滩秋色

■ 2 后滩自然风光　摄于 2010 年 5 月 31 日

■ 3 潺潺清流的野趣田园风光

经过专家治理，黄浦江畔的生态环境得到明显改善。据世博局绿地公园片区部委托上海市野生动植物保护协会启动“世博公园绿地野生鸟类种群及数量调查”，首次调查发现，后滩公园、世博公园、白莲泾公园有野生鸟类 16 种 140 只，其中后滩公园最多，发现鸟类 16 种 74 只。

后滩公园设计：俞孔坚，北京大学建筑与景观设计学院院长。

获奖：2010 年美国景观设计师协会颁发的综合设计类杰出奖。

1	2
	3
4	5

- 1 结合场地内原有的一处天然湿地和废旧钢铁，建成新的景观
- 2 日本艺术家藤井浩一朗先生，以造型简洁明快的椭圆形结构雕塑，用两根类似水的丙烯材料透明柱去表达山水与城市成长的关系，比喻为“父子情”，体现水与人类如纽带相连的关系。
- 3 未来的公园将会绿树成荫
- 4 公园植物选材意在源于自然
- 5 人工景观与自然生态景观和谐的融合在一起

4.3 中式花园“亩中山水”

上海世博园中国园“亩中山水”的设计，是对“当代中式”景观设计的一次有益尝试，是在世博会这个国际大舞台上体现传统与现代相融合的中国园林的重要部分。占地面积约 2.7 hm^2，位于黄浦江南岸、世博会文化中心以东、浦明路北侧水门广场，在世博会期间是重要的人流聚集、停留、转换的中转站。世博会后，“亩中山水”将存留下来作为会后文化遗产，继续为上海市民服务，其重要的地理位置和特殊性不言而喻。

如何继承发扬传统园林中的优秀理念和造园手法，成为中国园的设计关键，既要从中国古典园林艺术中汲取适合当代的设计精华，又要求对古典园林有精深的理解，有鉴别地使其成为创新形式、新风格的源泉。中国园遵循“虽由人作，宛自天开”的原则，从中国古典园林精华和大自然中抽象出可以应用到现代景观设计中的简洁语言符号，创作出属于当代的中式景观。“亩”作为中国最基本的土地计量单位延续了几千年，场地的规划设计将“亩”和“园”结合，用传统“亩”为单位再现传统园林的精髓，通过现代场景再现中国传统名园中 9 种深入人心的意境，启发小中见大的想象力，在庭院空间中畅想自然山水。

“亩中山水”系列，包括由叠翠亩、桥影亩、雨轩亩、荷香馆组成的凝翠园、叠石园、石笋园、映月园、盆景园和环秀园。精巧的中国园林有分在合，周边以单纯的竹林围合，两者相互包容形成有机整体，提供了漫步、穿越、赏园、休憩、观江等多种活动方式和游览路线。园内的建筑也体现了中国味和当代性的整合。

“亩中山水”虽然占地面积不大，但是许多外宾在这里拍照留念，说明了中国园林的魅力无穷。

1 | 2
3 | 4 | 5

■ 1 牌匾

■ 2 运用优美的几何形围墙，与地形巧妙结合，用传统的中国叠石手法，创造出富有现代气息的叠山之势

■ 3 石笋园与凝翠园之间的白墙与竹林

■ 4 福安桥上和谐的家庭

■ 5 绿树、白墙、湖水构成了典型的中国园林韵味

碧池浮香

1	2	
3	4	6
	5	7

■ 1/2 以“钢骨木肌”的构造，彰显汉唐风尚的当代建筑荷香馆，是传统与现代的融合

■ 3 映月园里几尊刻有“月”字古文篆刻的石钵

■ 4 盛满清泉的石钵

■ 5 清泉从石钵中缓缓地流出，“月”字清晰可辨

■ 6 地面采用传统的瓦片铺装，让人在此游览时，回忆到中国古老的建筑

■ 7 地面刻有中国书法，彰显中华文化

■ 1 水系的边缘利用几何石材围护

■ 2 清泉潺潺，充满生机与韵律的当代叠石

■ 3 石灯结合现代的功能需求，以汉代的景观设计语言表现传统中国园林的精神内涵

■ 4 传统的石灯，添加当代元素，即古朴、又时尚

■ 5 利用廊道庇荫、遮挡作用，为人们提供休闲的过渡通道，让人们在不知不觉间欣赏到不同主题“亩园”景观

■ 6 廊桥向外看一馆一桥一树木

■ 7 地板上的电线用这种办法处理更人性化

■ 8 石笋园与凝翠园之间的白墙与竹林

■ 9 朴素优雅的凝翠园入口——月洞门

■ 10 利用借景、透景、漏景等手法，形成“亩园”之间的相互渗透和联系

■ 11 运用墙体来划分空间，突出奇石的美

4.4 上海世博园活水公园

上海世博会城市最佳实践区内的“成都活水公园”案例馆占地 2680 m^2，分为 4 个部分，分别反映自然未被“现代文明”污染前的状况、自然环境被破坏和污染时的状况、水和人工湿地生物净化系统和河水经过生物净化后的运用状况。

该案例是微缩版的成都活水公园，成都活水公园是世界上第一座以展示“人工湿地水处理系统”为主要内容、以水保护为主题的城市生态环境公园，曾获得“联合国人居奖”。

成都的活水公园是一座以水保护为主题的城市生态景观公园，它对社区和公共空间的雨水和污水进行有效收集，通过生物自净功能进行水的处理和循环利用，向人们展示被污染的水体在自然界由“浊”变“清”、由“死”变“活”的过程，诠释活水文化，启迪人们珍惜水资源。世博园中的案例馆充分展示了成都活水公园的建设理念、运转流程和实践成果，并在原活水公园的基础上有新的提升和发展。

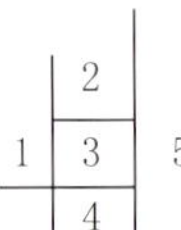

■ 1 公园入口处的熊猫花坛，使人联想到动植物与人和谐相处的重要性

■ 2 “活水公园”入口

■ 3 “活水公园”中多种水生植物的应用，还有可吸附有机物的鹅卵石，起到净化水质的作用。

■ 4 竹编的石笼不禁想到了都江堰的治水技术

■ 5 木质水车使人想起古老的传说

从外形看，世博园活水公园宛如一条游在水边的鱼，喻示着人类、水与自然的依存关系。园内集水环境、水净化、水教育为一体，包括人工湿地生物净水系统、模拟龙门山森林植物群落景观、环境教育中心、亲水互动平台等设施。

园内的中心花园雕塑喷泉、自然生态河堤、“黄龙五彩池”等风景和几十种水生植物、观赏鱼类巧妙融合在一起，集教育、观赏、游戏为一体，使人们在走近自然、融入自然的过程中，充分体验到大自然的美妙与神奇。

<table>
<tr><td>1</td><td>4</td><td colspan="2">6</td></tr>
<tr><td>2</td><td>5</td><td rowspan="2">7</td><td rowspan="2">8</td></tr>
<tr><td>3</td><td></td></tr>
</table>

■ 1~8 池塘里满是芦苇、浮萍、紫萍、睡莲和茭白等植物都是净化水质的功臣，鱼在清水中自由的嬉戏

"活水公园"实景

4.5 广场、道路、容器绿化及生态灭虫

4.5.1 广场铺装及绿化

广场是城市建设重要的组成部分，世博会是国际一流的超大型博览会，广场当然占有特别重要的位置。

世博园内几乎每个片区都有广场，广场占据中央位置，承担着客流集散、演出、聚会、休憩、避灾等多重功能。

上海世博园的广场和园路，基本上都采用彩色透水混凝土建造，这是一项新的科技成果，是会呼吸的硬地面铺装，色彩鲜艳、透水性好，雨天不积水。老人、孩子走在上面不打滑，很受老百姓的喜爱。广场根据设计建造了绿地、雕塑、座椅、凉棚，摆放了众多容器绿化，美化了广场环境，给参观者带来了视觉的享受和实用的休闲功能。

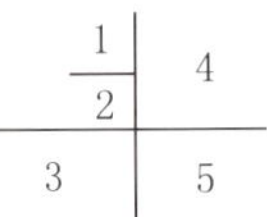

■ 1~5 广场铺装及绿化

CSSC
EXPO

CSSC

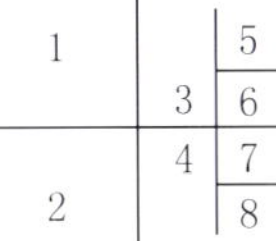

■ 1~8 广场铺装及绿化

4.5.2 资源型生态透水路面

所谓资源型透水路面，就是利用一些再生资源作为铺设透水路面的材质，在保证路面强度的情况下，有良好的透水、透气性能，可使雨水迅速渗入地下，补充土壤水和地下水，保持土壤温度，改善城市地面植物和土壤微生物的生存条件。同时可吸收水分与热量，调节地表局部空间的温湿度，对调节城市小气候、缓解城市热岛效应有较大的作用。因其特有的节能、环保、生态等优势，既符合2010年上海世博会的主题，又代表了当前世界公共环境建设绿色、生态、节能的潮流，实现废弃物的高效回收和再利用，在未来具有相当大的推广价值。

2010年5月8日上海世博．世界屋顶绿化大会上，北京近山松城市园林景观工程公司的彩色透水混凝土系列工程技术，荣获“世界生态修复创新产品金奖”。

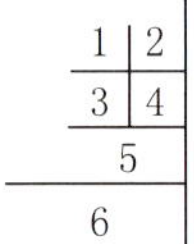

1~6 生态透水路面实景

4.5.3 容器绿化

容器绿化看起来简单，但它却最能突显、烘托节日的喜庆气氛。近些年容器生产技术的进步很大，大多数新的容器设置了节水系统，既能达到节水的效果，又节省了工人的养护工作量。

世博园的容器绿化相当突出、很有特色，主要是容器品种多样化，植物品种组合多样化、盆栽乔木体量大、数量多，达到立竿见影的园林景观效果。各种小乔木和草花组成错落有致的盆景，在室内、阳台、露台、墙体、水泥地面、高架桥、灯杆等构筑物上摆放、悬挂，有效地烘托了喜庆的节日气氛。

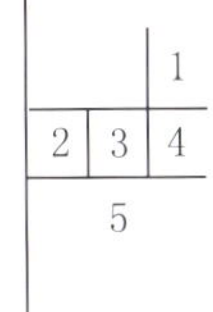

■ 1~5 各种容器绿化

4 - 5

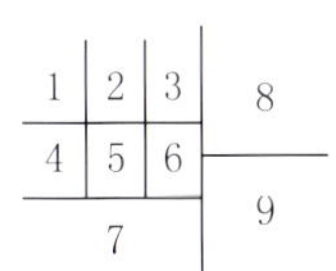

■ 1~9 各种容器绿化

4.5.4 生态灭虫、以虫治虫、以菌治虫

以虫治虫、以菌治虫……这些奇妙新颖的方法，成为世博园虫害的克星。

当园林植物遇到了虫害，大多数人的第一反应就是喷洒杀虫剂，但单纯喷洒杀虫剂并不是一种高效、环保的灭虫方法。喷洒的杀虫剂只有30%能够留存在树叶上，其余的70%都进了空气和土壤中，如果使用了有毒的化学杀虫剂，将是一种伤害很大的污染。

在上海世博会的园区中，严禁使用有毒的化学杀虫剂，各种生物防治虫害的技术成为了园区绿化防虫害的最主要方法。 采用纯生态技术——不用化学杀虫剂，“以虫治虫”，工作人员在公园里投放大量“天敌”昆虫，用它们来消灭破坏植物的害虫。

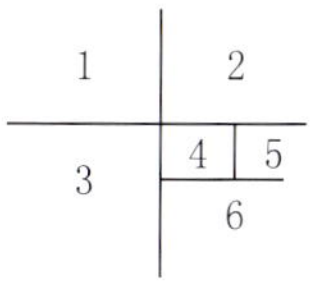

1	2	
3	4	5
	6	

1~6 生态灭虫在使植物生长茂盛的同时最大限度地保护了生态平衡

5　世博园植物绿地养护

世博园植物绿地养护

苗木的养护管理，在绿化建设中极其重要，人们常说，“三分种，七分养”。为了保证各工地绿化苗木施工的成活，使绿化养护管理工作纳入科学化、规范化管理的轨道，保证苗木的健壮生长，巩固绿化成果，特定此养护守则。

本守则针对 2010 年上海世博会中国馆绿化养护工作制定，并适用于各新建、改建和扩建的公共绿地、居住区绿地、单位附属绿地、城市风景林地、防护林带、道桥绿化工程和苗圃等。

5.1 养护管理工作主要内容

中国馆绿化养护管理工作根据中国馆树木生长自然规律和自然环境条件的特点分为五个阶段。并在世博会展览期间的 5~10 月阶段进行重点养护和管理。

5.1.1 第一节 冬季阶段

十二月、一月、二月树木休眠期主要养护、管理工作。

1. 整形修剪：落叶乔灌木在发芽前进行一次整形修剪（不宜冬剪树种除外）。
2. 防治病虫害（详见防治病虫技术规程）。
3. 做好防寒措施，不耐寒植株需使用麻片或草片做好保温工作。
4. 要及时清除常绿树和竹子上的积雪，减少危害。
5. 巡查维护，巡查人员加强巡查维护，检查记录植物冰冻情况，并及时处理。
6. 检修各种园林机械，专用车辆和工具，以及保养设备。

5.1.2 第二节 春季阶段

三月、四月，气温、地温逐渐升高，各种树木陆续发芽、展叶，开始生长，为主要养护管理工作期。

1. 修整树木围堰，进行灌溉工作，满足树木生长需要。

2. 施肥。在树木发芽前结合灌溉，施入有机肥料，改善土壤肥力。

3. 病虫防治（详见防治病虫技术规程）。

4. 修剪。在冬季修剪基础上，进行剥芽去糵。

5. 拆除防寒物。

6. 补植缺株。

7. 维护巡查。

5.1.3 第三节 初夏阶段

五月、六月，作为世博会正式开始对外开放及参观阶段，气温高、湿度小，树木生长旺季，养护工作量大。需重点布置养护管理工作：

1. 灌溉。树木抽枝展叶开花，需要大量补充水分。应根据实际情况，在不影响参观人员的前提下，错时补水养护。

2. 防治病虫（详见防治病虫技术规程）。

3. 追肥。以速效肥料为主，根据不同植物的生长特性，可采用根灌或叶面喷施，注意掌握用量。

4. 修剪。对灌木进行花后修剪，并对乔灌木进行剥芽，去除干糵及根糵。

5. 除草。在绿地和树堰内，及时除去杂草，做到每日清理，确保景观效果，防止雨季出现草荒。

6. 维护巡查。

5.1.4 第四节 盛夏阶段

七、八、九月高温多雨，树木生长由旺盛逐渐变缓，且迎来世博会参观人流高峰，需根据实际情况重点布置养护工作。

1. 病虫防治。主要为人工捕杀、诱杀及喷药，使用药剂时应根据病虫的种类、生活习性，对症下药。

使用药剂需严格控制，确保低毒高效，不得影响正常参观游览。

2. 中耕除草。

3. 汛期排水防涝。组织防汛抢险队，对地势低洼和易涝树种在汛期前做好排涝准备工作。

4. 修剪。对树冠大、根系浅的树种采取疏、截结合方法修剪，增强抗风力，配合架空线修剪和绿篱整形修剪。

5. 扶直。支撑扶正倾斜树木，并进行强化支撑。

6. 维护巡查。

5.1.5 第五节 秋季阶段

十月、十一月气温逐渐降低，树木将休眠越冬。

1. 灌冻水：树木大部分落叶、土地封冻前进行普遍充足灌溉。

2. 防寒：对不耐寒的树种分别采取不同防寒措施，确保树木安全越冬。

3. 施底肥：珍贵树种，古树名木复壮或重点地块在树木休眠后施入有机肥料。

4. 病虫防治。

5. 补植缺株：以耐寒树种为主。

6. 维护巡查。

7. 清理枯枝落叶干草，并及时清运。

5.2 苗木养护要点

5.2.1 花木浇水时间

给花木浇水并不是浇了就可以，应根据季节和天气的变化适时地浇水。炎热的夏季最忌中午前后浇水，因为这时土壤温度高，与水温的温差大，此时浇水会使土壤温度骤然降低，花木根系受低温刺激，不能进行正常水分的吸收。所以炎热的天气应在早上十时以前或傍晚五时以后浇水。反之，冬季无冻土的地带，露地栽培的花木冬季需要浇水时，应在中午前后进行。春、秋季宜在上午十时以后至下午四时以前浇水。

冬季在土壤冻结之前，栽培的花木都应浇足“冻水”，以保持土壤墒情，使花木安全越冬。在早春土壤解冻之初，还应及时浇足“返青水”，以促进花木的萌动。

5.2.2 花木对土壤酸碱度的要求

通常说的盐土就是土壤中含有较高的氯离子、钠离子；碱性土就是土壤中含有较高的钙离子和镁离子，氢离子少；酸性土壤就是土壤中含有较高的氢离子和铁离子，而钙离子和镁离子少。我国北方地区的地壤多呈中性偏碱，局部为盐碱土；南方地区的土壤多呈中性偏酸，局部为强酸性土。这对于花木的选择和栽培有很大影响，而对盆栽花木来讲，由于市场上有各类专用花卉栽培基质可供选择，因此不受地区限制。

为了科学界定土壤的酸碱性，国际上统一采用土壤中氢离子含量的指数（pH）表示土壤的酸碱度。当pH值 =7 时为中性土，pH 值 >7 时为碱性土，pH 值 <7 时为酸性土。通常，当土壤 pH 值 >8.5 或 pH 值 <5 时，都不宜作为花木栽培的土壤。根据对土壤的适应性，花木可以分成 3 种类型：

1. 酸性土花木 ，如山茶、杜鹃、米兰、茉莉、棕榈、白兰、桂花、玉兰、罗汉松、苏铁、五针松等都属于酸性土花木。其适生的土壤 pH 值为 5~6。

2. 中性土花木，大多数花卉可以在弱酸性至弱碱性的土壤中正常生长。其适合的土壤 pH 值为 6~8。

3. 碱性土花木，如榆叶梅、小檗、木槿、金银木、沙地柏等，它们对土壤碱性的忍耐力为 pH 值 =7.5~9。

5.2.3 合理施肥

在树木的栽培管理过程中施肥是很重要的环节，要想使自己培养的花卉枝繁叶茂、花色艳丽、硕果累累，就要掌握科学的施肥方法。

5.2.4 修剪

1. 灌木的养护修剪

(1) 应使丛生大枝均衡生长，使植株保持内高外低，自然丰满的圆球形。

(2) 定植年代较长的灌木，如灌丛中老枝过多时，应有计划地分批疏除老枝，培养新枝，但一些为特殊需要培养成高干的大型灌木，或茎干生花的灌木（如紫荆等）均不在此列。

(3) 经常短截突出灌丛外的徒长枝，使灌丛保持整齐均衡，但对一些具拱形枝的树种（如连翘等）所萌生的长枝则例外。

(4) 植株上不作留种用的残花废果，应尽量及早剪去，以免消耗养分。

2. 绿篱的修剪

绿篱定植后，按规定高度及形状及时修剪。为促使其枝叶的生长最好将主尖截去 1/3 以上，剪口在规定高度 5~10 cm 以下，这样可以保证粗大的剪口不暴露，最后用大平剪绿篱修剪机，修剪表面枝叶。注意绿篱表面（顶部及两侧）必须剪平，修剪时高度一致、

整齐划一，篱面与四壁要求平整、棱角分明、适时修剪，保证节日时已抽出新枝叶、生长丰满，发现缺株及时补栽，绿篱修剪每年最少两次。

3. 落叶乔木修剪

(1) 凡属具有中央领导干、主轴明显的树种，应尽量保持主轴的顶芽，若顶芽或主轴受损，则应选择中央领导枝上生长角度化较直立的侧芽代替，培养成新的主轴。

(2) 主轴不明显的树种，应选择上部中心比较直立的枝条当做领导枝，以尽早形成高大的树身和丰满的树冠，凡不利于以上目的如竞争枝、并生枝、病虫枝等要控制、打击。

5.2.5 防治病虫害

可采取下列不同的方法防治病虫害。

1. 喷粉法：通过喷粉器械将粉状毒剂，喷撒在植物或害虫体表面，使之中毒死亡，此法效率高，不需用水对植物药害也较小，缺点是毒剂在植物体上的持久性较差，用量大，较不经济。

2. 喷雾法：溶液、乳剂或悬浮液状态的毒剂，借助喷雾器械形成微细的雾点喷射在植物或害虫上。

3. 熏蒸法：利用有毒气体或蒸气，通过害虫呼吸器官，进入虫体内而杀死害虫。

4. 毒草饵：利用溶液状或粉状的毒剂与饵料制成混合物，然后撒在害虫发生或栖居的地方。

5. 胶环（毒环）法：利用2~8 cm的专门粘虫胶带，围绕在树干的下部，将毒剂直接涂在树皮上或涂在紧缠在树干上的纸带或草把环上，可以阻止或毒杀食叶昆虫爬到树上为害。

5.2.6 花木的春季养护

1. 中耕除草

中耕除草首先要及时检查花木的复苏情况，清除残留枝叶和受伤枝叶，并及时进行中耕除草。中耕就是松土，深度因苗木大小而异，幼苗期应浅，以后随着苗木生长加深，最深可达10 cm左右。除草应掌握“除早、除小、除了”，做到及时清理消除杂草，避免杂草与苗木争夺养分。

2. 水肥管理

水肥管理是花木养护的一个重要内容。灌水必须及时，一次灌水量以不低于田间含水量的60%为标准，使根系层土壤处于湿润状态。木本观花植物，每两周施肥一次，一直到8月份，以促进生长，防止黄化，改善土壤ph值。

3. 适时移植

春季是适宜各种树种移植的大好时期，所以是主要的移植季节。春季移植一般在3月左右，松、柳、杉要早移，但樟树、枫杨等的移植不可以过早，应该在开始发芽前进行。

4. 病虫害防治

病虫害的防治也是春季养护的重要环节。春季，随着气温上升一些害虫开始活动，如蚜虫、天牛等。

5.2.7 新栽苗木越冬管理

冬季在上海地区当年新栽绿化苗木因为天气寒冷、防冻措施不当而受冻害，不仅会造成一定的经济损失，同时也影响整体的绿化效果。因此，采取有效的越冬管理措施对当年新栽绿化苗木能否安全越冬是一项很重要的工作。

一、小灌木类

如金叶女贞、小叶女贞、红叶小檗、冬青、黄杨、小龙柏、美人蕉、南天竹、月季等可采取以下措施。

1. 对苗木进行轻度修剪。

2. 清除杂草，浅翻土地，给苗木根基部培土或培土墩，浇透防冻水。

3. 用麦秸、稻秸等粉碎后进行地面覆盖，来年腐烂后变成肥料。

二、乔木和花灌木类

如香樟、棕榈科植物、西府海棠、垂丝海棠、紫叶李、碧桃、红叶桃、桂花、广玉兰、白玉兰、青桐苗木可采取以下措施。

1. 对苗木进行适度修剪。

2. 清除杂草，中翻土地，给树根基部培土，浇透防冻水。

3. 用草绳等捆绑树干，起到保温御寒作用，较寒冷的地区，需要再在外面加一层塑料布。

4. 用地膜将树穴覆盖住，可提高地温和保持一定的湿度。

5.2.8 苗木防寒的几种常见措施

1. 因地制宜适地适树：根据当地的气候条件，种植抗寒力强的树木、花卉。

2. 加强栽培管理，增强苗木自身的抗寒能力：通过对苗木的合理浇灌，科学施肥（如秋季少施氮肥，控制苗木徒长）等措施，促进苗木生长健壮，增强其自身的抗寒能力。

3. 浇封透水和返青水：在土壤封冻前浇一次透水，土壤含有较多水分后，严冬表层地温不至于下降过低、过快，开春表层地温升温也缓慢。浇返青水一般在早春进行，由于早春昼夜温差大，及时浇返青水，可使地表昼夜温差相对减小，避免春寒危害植物根系。

4. 设风障：对新植或引进的树种，有主风侧或植株外围用塑料布做风障防寒，有的品种还需加盖草帘，一般过上 1~2 年即可适应。

5. 树干防护：常见为树干包裹和涂白。

(1) 树干包裹：多在入冬前进行，将新植树木或不耐寒品种的主干用草绳或麻袋片等缠绕或包裹起来，高度可为 1.5~2 m。

(2) 树干涂白：一般在秋季进行，用石灰水加盐或石硫合剂对树干涂白，利用白色反射阳光，减少树干对太阳辐射热的吸收，从而降低树干的昼夜温差，防止树皮受冻。另外此法对预防害虫也有一定的效果。

6. 覆盖：多用于圃地露地花卉，在霜冻前，在地上覆盖干草、草席等，此法既经济效果又好，应用极为普遍。另外也可覆盖塑料薄膜等材料，但需要有一定的经济条件。

5.2.9 秋栽苗木防寒技术

秋季植树能较好地解决春季植树时间短、春旱和劳动力紧张的问题，现已广泛推广。但也有不少秋植苗木因没有采取合理的防寒措施，未能安全越冬，影响了苗木的成活率。笔者经多年实践，总结出一套秋栽苗木的防寒技术措施，现介绍如下，仅供参考。

1. 常规防寒方法

对于较耐寒的白蜡、悬铃木等树种，秋栽后可采取寒前灌水、根颈培土、覆土、涂白、缠草绳、搭风障等防寒措施。寒前灌水、根颈培土、覆土等措施，对于秋季所有种植的树木都必须进行，涂白、缠草绳，搭风障则可根据植株的耐寒性和冬季气温情况及小气候环境来定，可单选其中一项，也可交叉使用。

2. 覆膜防寒法

对于不太耐寒的树种如：香樟、玉兰、大叶女贞等乔木树种，则可采取覆膜法。

应先用草绳缠干，然后进行覆膜，再用加厚的农用薄膜套从顶一直套到树根颈部。顶部必须扎紧封死，塑料薄膜一定要宽大，不能紧缠树干，四周用竹棍支起。根部采取灌封冻水、根颈培土等措施后，可用稻草或麦秸、锯末等进行覆盖，最后再罩以塑料薄膜，四周用土压盖好即可。

5.2.10 春植苗木的越夏管理

酷暑盛夏，骄阳似火，持续高温和干热风使空气更加干燥，地表温度急剧升高，从而使新植苗木树干和枝叶以及土壤中水分蒸发流失加快，这给春植苗木的生长成活造成了极为不利的影响。盛夏是夏季的高温期，同时也是新植苗木能否安全过夏成活的关键期。

俗话说：树木是三分栽，七分管。可见树木栽后管理是树木成活的关键所在。春季植树后，虽然苗木栽植后很快发芽展枝，但苗木在起苗时根系受到损伤，且自身携带水分、养分又有限，在酷暑高温的环境中，就需要及时有效适时适量地给春植苗木补充水分养分，从而保证苗木正常生长。对城区新植的大树，针对不同树种采取相应的管护措施，及时补充水分，常绿树种早晚要进行叶面喷水，确保春植苗木在盛夏高温环境中安全成活。若我们忽视或放松对春植苗木的盛夏保活管理，将会使春植苗木因夏季水养分得不到补充，导致自身水养分蒸发流失殆尽而枯萎死亡，造成前功尽弃的后果。对此，要加强对春植苗木的越夏管理，确保苗木成活率，使生态环境、生活环境得到进一步改善。

5.2.11 夏季树苗管理技术

夏季是各类树苗生长盛期，一般要占全年总生长量的 60% ~ 80%，因此应加强管理。

1. 松土除草

当苗床土壤板结时，就应进行松土。松土的深度一般为 3~5 cm。除草应掌握“除早、除小、除了”的原则。拔草时形成的坑洞及时用泥土填平，松土除草要注意不伤苗木。

2. 抗旱防涝

出现了干旱，应及时进行灌溉，保持圃地湿润，

防止苗木根茎灼伤，促进苗木生长。另外，圃地要开好排水沟，做到雨停沟干无渍水。

3. 间苗炼苗

过密的苗木应及时进行间苗，并做到间弱留强、间密留稀以及间去弯曲苗、病虫害苗，使保匀，整齐生长。间苗要在土壤湿润时分次进行。对苗木分布稀疏处，可在阴天或下午4时后，进行移密补稀，边起边补。

4. 追施肥料

6~9月间，每月要追肥1~2次。追肥要用速效性肥料，如尿素、硫酸铵、人粪尿等。圃地土壤干旱，追肥宜稀；土壤湿润，追肥可浓些。追肥的方法随肥料种类和播种方法不同而异。追施化肥可用干撒或水洒，但以水洒为好。追肥可结合松土除草进行。

5.3 主要养护项目的技术规定

5.3.1 修剪

一、行道树的修剪与整形

行道树是指在道路两旁整齐列植的树木，每条道路上树种相同。城市中，干道栽植的行道树主要作用是美化市容，改善城区的小气候，夏季降温、滞尘和遮荫。行道树要求枝条伸展，树冠开阔，枝叶浓密。冠形依栽植地点的架空线路及交通状况决定。主干道上及一般干道上，采用规则形树冠，修剪整形成杯状形、开心形等立体几何形状。在无机动车辆通行的道路或狭窄的巷道内，可采用自然式树冠。

行道树一般使用树体高大的乔木树种，主干高要求在2~2.5 m。城郊公路及街道、巷道的行道树，主干高可达4~6 m或更高。定植后的行道树要每年修剪扩大树冠，调整枝条的伸出方向，增加遮阳保温效果，同时也应考虑到建筑物的使用与采光。

二、杯状形行道树的修剪与整形

杯状形行道树具有典型的三叉六股十二枝的冠形，萌发后选3~5个方向不同，分布均匀与主干成45°夹角的枝条作主枝，其余分期剥芽或疏枝。冬季对主枝留80~100 cm短截，剪口芽留在侧面，并处于同一平面上，第二年夏季再剥芽疏枝，幼年法桐顶端优势较强，在主枝呈斜上生长时，其侧芽和背下芽易抽生直立向上生长的枝条，为抑制剪口处侧芽或下芽转上直立生长。抹芽时可暂时保留直立主枝，促使剪口芽侧向斜上生长；第三年冬季于主枝两侧发生的侧枝中，选1~2个作延长枝，并在80~100 cm处再短剪，剪口芽仍留在枝条侧面，疏除原暂时保留的直立枝、交叉枝等，如此反复修剪，经3~5年后即可形成杯状形树冠。

骨架构成后，树冠扩大很快，疏去密生枝、直立枝，促发侧生枝，内膛枝可适当保留，增加遮阳效果。上方有架空线路时，勿使枝与线路触及，按规定保持一定距离，一般电话线为0.5 m，高压线为1 m以上。近建筑物一侧的行道树，为防止枝条扫瓦、堵门、堵窗，影响室内采光和安全，应随时对过长枝条行短截修剪。

三、开心形行道树的修剪与整形

多用于无中央主轴或顶芽能自剪的树种，树冠自然展开。定植时，将主干留3 m或者截干，春季发芽后，选留3~5个位于不同方向、分布均匀的侧枝进行短剪，促进枝条生长成主枝，其余全部抹去。生长季注意将主枝上的芽抹去，保留3~5个方向合适、分布均匀的侧枝。来年萌发后选留侧枝，全部共留6~10个，使其向四方斜生，并进行短截，促发次级侧枝，使冠形丰满、匀称。

四、自然式冠形行道树的修剪与整形

在不妨碍交通和其他公用设施的情况下，树木有任意生长的条件时，行道树多采用自然式冠形，如塔形、卵圆形、扁圆形等。

1. 有中央领导枝的行道树，如杨树、水杉、侧柏、金钱松、雪松、枫杨等。分枝点的高度按树种特性及树木规格而定，栽培中要保护顶芽向上生长。郊区多用高大树木，分枝点在4~6 m以上。主干顶端如受损

伤，应选择一直立向上生长的枝条或在壮芽处短剪，并把其下部的侧芽抹去，抽出直立枝条代替，避免形成多头现象。

阔叶类树种如毛白杨，不耐重抹头或重截，应以冬季疏剪为主。修剪时应保持冠与树干的适当比例，一般树冠高占 3/5，树干（分枝点以下）高占 2/5。在快车道旁的分枝点高至少应在 2.8 m 以上。注意最下的三大枝上下位置要错开，方向均称，角度适宜。要及时剪掉三大主枝上最基部贴近树干的侧枝，并选留好三大主枝以上层枝留得长，萌生后形成圆锥状树冠。成形后，仅对枯病枝、过密枝疏剪，一般修剪量不大。

2. 无中央领导枝的行道树。选用主干性不强的树种，如旱柳等，分枝点高度一般为 2~3 m，留 5~6 个主枝，各层主枝间距短，使自然长成卵圆形或扁圆形的树冠。每年修剪主要对象是密生枝、枯死枝、病虫枝和伤残枝等。

行道树定干时，同一条干道上分枝点高度应一致，使整齐划一，不可高低错落，影响美观与管理。

五、花灌木的修剪与整形

首先要观察植株生长的周围环境、光照条件、植物种类、长势强弱及其在园林中所起的作用，做到心中有数，然后再进行修剪与整形。

1. 因树势修剪与整形。幼树生长旺盛，以整形为主，宜轻剪。严格控制直立枝，斜生枝的上位芽有冬剪时应剥掉，防止生长直立枝。一切病虫枝、干枯枝、人为破坏枝、徒长枝等用疏剪方法剪去。丛生花灌木

的直立枝，选生长健壮的加以摘心，促其早开花。

壮年树应充分利用立体空间，促使多开花。于休眠期修剪时，在秋梢以下适当部位进行短截，同时逐年选留部分根蘖，并疏掉部分老枝，以保证枝条不断更新，保持丰满株形。

老弱树木以更新复壮为主，采用重短截的方法，使营养集中于少数腋芽，萌发壮枝，及时疏删细弱枝、病虫枝、枯死枝。

2. 因时修剪与整形。落叶花灌木依修剪时期可分冬季修剪（休眠期修剪）和夏季修剪（花后修剪）。冬季修剪一般在休眠期进行。夏季修剪在花落后进行，目的是抑制营养生长，增加全株光照，促进花芽分化，保证来年开花。夏季修剪宜早不宜迟，这样有利于控制徒长枝的生长。若修剪时间稍晚，直立徒长枝已经形成。如空间条件允许，可用摘心办法使生出二次枝，增加开花枝的数量。

3. 根据树木生长习性和开花习性进行修剪与整形。春季开花，花芽（或混合芽）着生在二年生枝条上的花灌木，如连翘、榆叶梅、碧桃、迎春、牡丹等灌木是在前一年的夏季高温时进行花芽分化，经过冬季低温阶段于第二年春季开花，因此，应在花残后、叶芽开始膨大尚未萌发时进行修剪。修剪的部位依植物种类及纯花芽或混合芽的不同而有所不同。连翘、榆叶梅、碧桃、迎春等可在开花枝条基部留 2~4 个饱满芽进行短截，牡丹则仅将残花剪除即可。

夏秋季开花，花芽（或混合芽）着生在当年生枝条上的花灌木。如紫薇、木槿、珍珠梅等是在当年萌发枝上形成花芽，因此应在休眠期进行修剪。将二年生枝基部留 2~3 个饱满芽或一对对生的芽进行重剪，剪后可萌发出一些茁壮的枝条，花枝会少些，但由于营养集中会产生较大的花朵。一些灌木如希望当年开两次花的，可在花后将残花及其下的 2~3 芽剪除，刺激二次枝条的发生，适当增加肥水则可二次开花。

花芽（或混合芽）着生在多年生枝上的花灌木。如紫荆、贴梗海棠等，虽然花芽大部分着生在二年生枝上，但当营养条件适合时多年生的老干亦可分化花芽。对于这类灌木中进入开花年龄的植株，修剪量应较小，在早春可将枝条先端枯干部分剪除，在生长季节为防止当年生枝条过旺而影响花芽分化时可进行摘心，使营养集中于多年生枝干上。

花芽（或混合芽）着生在开花短枝上的花灌木。如西府海棠等，这类灌木早期生长势较强，每年自基部发生多数萌芽，自主枝上发生量直立枝，当植株进入开花年龄时，多数枝条形成开花短枝，在短枝上连年开花，这类灌木一般不大进行修剪，可在花后剪除残花，夏季生长旺时，将生长进行适当摘心，抑制其生长，并将过多的直立枝，徒长枝进行疏剪。

一年多次抽梢，多次开花的花灌木。如月季，可于休眠期对当年生枝条进行短剪或回缩强枝，同时剪除交叉枝、病虫枝、并生枝、弱枝及内膛过密枝。寒冷地区可进行强剪，必要时进行埋土防寒。生长期可多次修剪，可于花后在新梢饱满芽处短剪（通常在花梗下方第 2 芽至第 3 芽处）。剪口芽很快萌发抽梢，形成花蕾开花，花谢后再剪，如此重复。

六、绿篱的修剪与整形

绿篱是萌芽力强、成枝力强、耐修剪的树种，密集呈带状栽植而成，起防范、美化、组织交通和分隔功能区的作用。适宜作绿篱的植物很多，如女贞、大叶黄杨、小叶黄杨、桧柏、侧柏、冬青、野蔷薇等。

绿篱的高度依其防范对象来决定，有绿墙 (160 cm 以上）、高篱 (120~160 cm)，中篱 (50~120 cm) 和矮篱 (50 cm 以下）。绿篱进行修剪，既为了整齐美观，增添园景，也为了使篱体生长茂盛，长久不衰。高度不同的绿篱，采用不同的整形方式，一般有下列 2 种：

1. 绿墙、高篱和花篱采用较多。适当控制高度，并疏剪病虫枝、干枯枝，任枝条生长，使其枝叶相接紧密成片提高阻隔效果。用于防范的绿篱和玫瑰、蔷薇、木香等花篱，也以自然式修剪为主。开花后略加修剪使之继续开花，冬季修去枯枝、病虫枝。对蔷薇等萌发力强的树种，盛花后进行重剪，新枝粗壮，篱体高大美观。

2. 中篱和矮篱常用于草地、花坛镶边，或组织人流的走向。这类绿篱低矮，为了美观和丰富园景，多采用几何图案式的修剪整形，如矩形、梯形、倒梯形、篱面波浪形等。绿篱种植后剪去高度的 1/3~1/2，修去平侧枝，统一高度和侧萌发成枝条，形成紧枝密叶的矮墙，显示立体美。绿篱每年最好修剪 2~4 次，使新枝不断发生，更新和替换老枝。整形绿篱修剪时，顶面与侧面兼顾，不应只修顶面不修侧面，这样会造成顶部枝条旺长，侧枝斜出生长。从篱体横断面看、以矩形和基大上小的梯形较好，下面和侧面枝叶采光充足，通风逼真，不能任枝条随意生长而破坏造型，应每年多次修剪。

七、片林的修剪与整形

1. 有主干轴的树种（如杨树等）组成片林，修剪时注意保留顶梢。当出现竞争枝（双头现象）只选留一个；如果领导枝枯死折断，应扶立一侧枝代替主干延长生长，培养成新的中央领导枝。

2. 适时修剪主干下部侧生枝，逐步提高分枝点。分枝点的高度应根据不同树种、树龄而定。

3. 对于一些主干很短，但树已长大，不能再培养成独干的树木，也可以把分生的主枝当作主干培养，逐年提高分枝，呈多干式。

4. 应保留林下的树木、地被和野生花草，增加野趣和幽深感。

八、藤木类的修剪与整形

在自然风景中，对藤本植物很少加以修剪管理，但在一般的园林绿地中则有以下几种处理方式；

1. 棚架式：对于卷须类及缠绕类藤本植物多用此种方式进行修剪与整形。剪整时，应在近地面处重剪，使发生数条强壮主蔓，然后垂直诱引主蔓至棚架的顶部，并使侧蔓均匀地分布架上，则可很快地成为荫棚。除隔数年将病、老或过密枝疏剪外，一般不必每年修剪。

2. 凉廊式：常用于卷须类及缠绕类植物，偶而用吸附类植物。因凉廊有侧方格架，所以主蔓勿过早诱引至廊顶，否则容易形成侧面空虚。

3. 篱垣式：多用于卷须类及缠绕类植物。将侧蔓进行水平诱引后，每年对侧枝施行短剪，形成整齐的篱垣形式。为适合于形成长而较低矮的篱垣，即通常所称的“水平篱垣式”，又可依其水平分段层次之多而分为二段式、三段式等。称为“垂直篱垣式”，适于形成距离短而较高的篱垣。

4. 附壁式：本式多用吸附类植物为材料。方法很简单，只需将藤蔓引于墙面即可自行靠吸盘或吸附根而逐渐布满墙面。例如爬墙虎、凌霄、扶芳藤、常春藤等均用此法。此外，在某些庭园中，有在壁前20~50 cm处设立格架，在架前栽植植物的，例如蔓性蔷薇等开花繁茂的种类多在建筑物的墙面前采用本法。修剪时应注意使壁面基部全部覆盖，各蔓枝在壁面上应分布均匀，勿使互相互重叠交错为宜。在本式修剪与整形中，最易发生的毛病为基部空虚，不能维持基部枝条长期密茂。对此，可配合轻、重修剪以及曲枝诱引等综合措施，并加强栽培管理工作。

5. 直立式：对于一些茎蔓粗壮的种类，如紫藤等，可以修剪整形成直立灌木式。此式如用于公园道路旁或草坪上，可以收到良好的效果。

九、修剪顺序及注意事项

1. 修剪的顺序

独立枝修剪应掌握一看、二剪、三检查原则，修剪前先察看树木的生长势、枝条分布情况及冠型状态等，尤其对多年生枝条要慎重考虑后再下剪。剪时由上而下、由里及外，先粗剪后细剪。从疏剪入手把枯枝、密生枝、重叠枝等枝条先行剪去，再对留下的枝条进行短剪。剪口芽留在期望长出枝条的方向。需要回缩修剪时，应先处理大枝、再中枝、最后小枝。修剪后检查处理是否合理，有无漏剪与错剪，以便修正或补剪。

2. 修剪注意事项

(1) 注意安全：修剪时，所有用具、机械必须灵活、牢固，防止发生事故。修剪行道树时注意高压线路，并防止锯落的大枝砸伤行人车辆。

(2) 抹芽除蘖时不能撕裂树皮，以免影响树体生长。

(3) 修剪工具：剪口锋利，修剪病枝后应用灭菌剂（10% 新洁尔灭或 2% 硫酸铜等）处理，然后再修剪其他枝条，以防止交叉感染。修剪下的病虫枝及时收集烧毁。

5.3.2 施肥

1. 由于树木根群分布广，吸收养料和水分全在须根部位，因此，施肥要在要根部的四周，不要靠近树干。

2. 根系强大、分布较深远的树木，施肥宜深、范围宜大，如油松、银杏、臭椿、合欢等；根系浅的树木施肥宜较浅、范围宜小，如法桐、紫穗槐及花灌木等。

3. 有机肥料要充足发酵、腐熟，切忌用生粪，且浓度宜稀，化肥必须完全粉碎成粉状，不宜成块施用。

4. 施肥后（尤其是追化肥），必须及时适量灌水，使肥料渗入土内。

5. 应选天气晴朗、土壤干燥时施肥。阴雨天由于树根吸收水分慢，不但养分不易吸收，肥分还会被雨水冲失，造成浪费。

6. 沙地、坡地、岩石易造成养分流失，施肥要深些。

7. 氮肥在土壤中移动性较强，所以浅施使之渗透

到根系分布层内，被树木吸收；钾肥的移动性较差，磷肥的移动性更差，宜深施至根系分布最多处。

8. 基肥因发挥肥效较慢应深施；追肥肥效较快，则宜浅施，供树木及时吸收。

9. 叶面喷肥是通过气孔和角质层进入叶片，而后运送到各个器官，一般幼叶较老叶，叶背较叶面吸水快，吸收率也高。所以实际喷肥时一定要把叶背喷匀，喷到，使之有利于树干吸收。

10. 叶面喷肥要严格掌握浓度，以免烧伤叶片，最好在阴天或上午 10 时以前和下午 4 时以后喷施，以免气温高，溶液很快浓缩，影响喷肥或导致药害。

11. 小区及城市绿化地施肥，在选择肥料种类和施肥方法时，应考虑到不影响市容卫生，散发臭味的肥料不宜施用。

开春后，又到了一个施肥旺季。在选择和使用复合肥时要注意以下几点：

复合肥肥效长，易做底肥，经过加工造粒的复合肥比粉末肥分解缓慢，不易流失和挥发，肥效持续时间长，易做底肥使用，一般亩用量为 30~40 kg。复合肥不宜用于苗期肥和中后期肥，避免贪青徒长。

复合肥分解较慢，注意与单质氮肥配合使用。作物幼苗期需要氮肥量较少，因此，对播种时用复合肥做底肥的作物，应根据不同作物的需肥规律，在追肥时及时补充速效氮肥，以满足作物营养需要。

复合肥浓度差异较大，应注意选择合适的浓度。目前，多数复合肥是按照某一区域土壤类型平均养分状况和大宗农作物需肥比例配置而成。市场上有高、中，低浓度系列复合肥，一般低浓度总养分在 25% ~30% 之间，中浓度在 30% ~40% 之间，高浓度在 40% 以上。要因地域、土壤、作物不同，选择使用经济、高效的复合肥。一般高浓度复合肥用在经济类作物上，品质优，残渣少，利用率高。

复合肥浓度较高，避免种子与肥料直接接触或多种肥混合使用。复合肥养分含量高，若与种子或幼苗根系直接接触，会影响出苗甚至烧苗、烂根。播种时，种子要与穴施、条施复合肥相距 5~10 cm，切忌直接与种子同穴施，造成肥害。

复合肥配比原料不同，应注意养分成分的使用范围。不同品牌、不同浓度复合肥所使用原料不同，生产上要根据土壤类型和作物种类选择使用。含硝酸根的复合肥，不要在叶菜类和水田里使用；含铵离子的复合肥，不宜在盐碱地上施用；含氯化钾或氯离子的复合肥不宜在忌氯作物或盐碱地上使用；含硫酸钾的复合肥，不宜在水田和酸性土壤中施用，否则，将降低肥效，甚至毒害作物。增加土壤养分、改良土壤结构、增加土壤水分、补充某种元素，以达到增强树势的目的。

施底肥：在树木落叶后至发芽前施行。无论穴施、环施和放射沟施，应用已经过充分发酵腐熟的有机肥，并与土壤拌匀后施入土壤中，施肥量根据树木大小、肥料种类而定。

施追肥：无论根施法或根外施法，使用化学肥料要用量准确，粉碎撒施要均匀或与土壤混合后埋入土壤中。土壤中施入肥料后应及时灌水。

叶面喷肥：所用器械要用水冲刷后再用喷射时间傍晚效果最佳。

5.3.3 病虫害防治

一、树木防治害虫的五种方法

防治林木害虫多采用喷药法，这种方法虽有一定的防治效果，但大量药液弥散于空气中污染环境，容易造成人畜中毒，且对白杨透翅娥、桑天牛、光肩星天牛、蒙古大蠹蛾等蛀干害虫，一般喷药方法很难奏效，必须采用特殊方法，现介绍几种针对以上病害的防治方法：

1. 树干涂药法

防治柳树、刺槐、山楂、樱桃等树上的蚜虫、金花虫、红蜘蛛和松树类上的介壳虫等害虫，可在树干距地面 2 m 高部位涂抹内吸性农药如氧化乐果等农药，防治效果可达 95% 以上。此法简单易行，若在涂药部位包扎绿色或蓝色塑料纸，药效更好。塑料纸在药效显现 5~6 天后解除，以免包扎处腐烂。

2. 毒签插入法

将事先制作的毒签插入虫道后，药与树液和虫粪中的水分接触产生化学反应形成剧毒气体，使树干内的害虫中毒死亡。将磷化锌 11%、阿拉伯胶 58%、水 31% 配合，先将水和胶放入烧杯中，加热到 80℃，待胶溶化后加入磷化锌，拌匀后即可使用，使用时用长 7~10 cm、直径 0.1~0.2 cm 的竹签蘸药，先用无药的一端试探蛀孔的方向、深度、大小，后将有药的一端插入蛀孔内，深 4~6 cm，每蛀孔 1 支。插入毒签后用黄泥封口，以防漏气，毒杀钻蛀性害虫的防治效果达 90% 以上。

3. 树干注射法

天牛、柳瘿蚊、松梢螟、竹象虫等蛀害林木树干、树枝、树木皮层，用打针注射法防治效果显著。可用铁钻在树干离地面 20 cm 以下处，打孔 3~5 个（具体钻孔数目根据树体的大小而定），孔径 0.5~0.8 cm，深达木质部 3~5 cm。注射孔打好后，用兽用注射器将内吸性农药如氧化乐果、杀虫双、甲胺磷等缓缓注入注射孔。注药量根据树体大小而定，一般树高为 2.5 m，冠径为 2 m 左右的树，每株注射原药 1.5~2 ml，幼树

每株注射 1~1.5 ml，成年大树可适当增加注射量，每株 2~4 ml，注药一周内害虫即可大量死亡。

4. 挂吊瓶法

给树木挂吊瓶是指在树干上吊挂装有药液的药瓶，用棉绳棉芯把瓶中的药液通过树干中的导管输送到枝叶上，从而达到防治的目的。此法适合于防治各种蚜虫、红蜘蛛、介壳虫、天牛、吉丁虫等吸汁、蛀干类害虫。挂瓶方法是：选树主干用木钻钻一小洞，洞口向上并与树干呈 45° 的夹角，洞深至髓心把装好药液的瓶子钉挂在洞上方的树干上，将棉绳拉直。针对不同害虫，选择具有较高防效的内吸性农药，从树液开始流动到冬季树体休眠之前均可进行，但以 4~9 月的效果最好。

5. 根部埋药法

一是直接埋药。用 3% 的呋喃丹农药，在距树 0.5~1.5 m 的外围开环状沟，或开挖 2~3 个穴，1~3 年生树埋药 150 g 左右，4~6 年生树埋药 250 g 左右，7 年生以上树埋药 500 g 左右，可明显控制林木害虫，药效可持续 2 个月左右。尤其对蚜虫类害虫防治效果很好，防治松梢螟效果可达 95%。二是根部埋药瓶。将 40% 氧化乐果 5 倍液装入瓶子，在树干根基的外围地面，挖土让树根暴露，选择香烟粗细的树根剪断根梢，将树根插进瓶里，注意根端要插到瓶底，然后用塑料纸扎好瓶口埋入土中，通过树根直接吸药，药液很快随导管输送到树体可有效地防治害虫。

二、园林病虫害冬季治理措施

园林植物病虫害的越冬场所相对固定、集中，在防治上是一个关键时期。因此，研究病虫害的越冬方式、场所，对于其治理措施的制定具有重要意义。

1. 病害的越冬场所

(1) 种苗和其他繁殖材料。带病的种子、苗木、球茎、鳞茎、块根、接穗和其他繁殖材料是病菌、病毒等病原物初侵染的主要来源。病原物可附着在这些材料表面或潜伏内部越冬，如百日菊黑斑病、瓜叶菊病毒病、天竺葵碎锦病等。带病繁殖材料常常成为绿地、花圃的发病中心，生长季节通过再浸染使病害扩展、蔓延，甚至造成流行。

(2) 土壤。土壤对于土传病害或根部病害是重要的侵染来源。病原物在土壤中休眠越冬；有的可存活数年，如厚垣孢子、菌核、菌索等。土壤习居菌腐生能力很强，可在寄主残体上生存，还可直接在土壤中营腐生生活。引起幼苗立枯病的腐霉菌和丝核菌可以腐生方式长期存活于土壤中。在肥料中混有的未经腐熟的病株残体常成为侵染来源。

(3) 病株残体。病原物可在枯枝、落叶、落果上越冬，次年侵染寄主。

(4) 病株。病株的存在，也是初侵染来源之一。多年生植物一旦染病后，病原物就可在寄主体内存留，如枝干锈病、溃疡病、腐烂病，可以营养体或繁殖体在寄主体内越冬。温室花卉由于生存条件的特殊性，其病害常是露地花卉的侵染来源，如多种花卉的病毒病、白粉病等。

2. 虫害的越冬场所

(1) 以各种方式在树基周围的土壤内、石块下、枯枝落叶层中、寄主附近的杂草上越冬，如：日本履绵蚧、美国白娥、尺蛾类、美洲斑潜蝇、杜鹃三节叶蜂、棉卷叶野螟、月季长管蚜、霜天娥。

(2) 以卵等形态在寄主枝叶上、树皮缝中、芽腋内、枝条分叉处越冬，如：大青叶蝉、紫薇长斑蚜、绣线菊蚜、日本纽绵蚧、考氏白盾蚧、水木坚蚧、黄褐天幕毛虫。

(3) 以幼虫在植物茎、干、果实中越冬，如：星天牛、桃蛀螟、亚洲玉米螟。

(4) 以其他方式越冬。小蓑娥以幼虫在护囊中越冬；多数枣娥以幼虫在枝条或植物根际作茧越冬；蛴螬、蝼蛄、金针虫等地下害虫喜在腐殖质中越冬。

3. 治理措施

(1) 对带有病虫的植物繁殖材料，需加强检疫，进行处理，杜绝来年种植扩大蔓延。以球茎、鳞茎越冬的繁殖材料，收前应避免大量浇水，要在晴天采收，减少伤口，剔除有病虫的材料，以后在阳光下曝晒几日。贮窖要预先消毒、通气，贮存温度 5℃，相对湿度 70% 以下。

(2) 用辛硫磷、甲基异硫磷、五氯硝基苯、代森锌等农药处理土壤。农家杂肥要充分腐熟，以免病株残体将病原物带入，防止蝼蛄、蛴螬、金针虫繁衍滋生。

接近封冻时，对土壤翻耕，使在土壤中越冬的害虫受冻致死，改变好气菌、厌氧菌的生存环境，降低土壤含虫、含菌量。翻耕深度以 20~30 cm 为宜。

(3) 把种植园内有病虫的落枝、落叶、杂草、病果处理干净，集中烧毁、深埋，可减少大量病虫害。

(4) 对有病虫的植株，结合冬季修剪，消灭病虫。将病虫枝剪掉，集中烧毁；用牙签剔除受精雌介壳虫外壳，人工摘除枝条上的刺蛾茧；刮除在树皮缝、树疤内、枝杈处的越冬害虫、病菌；对有下树越冬习性的害虫可在其下树前绑草诱集，集中灭杀。

(5) 冬季树干涂白。以两次为好，第一次在落叶后至土壤封冻前进行，第二次在早春进行，此法可减轻日灼、冻害，如加入适量杀虫、杀菌剂，还可兼治病虫害。

植物发芽前喷施 50~100 倍晶体石硫合剂，既可

杀灭病菌，也可杀除在枝条、芽腋、树皮缝内的蚜、蚧、螨的虫体及越冬卵。

三、早春防治蚜虫效果好

蚜虫对气候的适应性较强，分布很广，主要刺吸植株的茎、叶，尤其是幼嫩部位。蚜虫的防治方法很多，如保护瓢虫、草蛉等天敌，施放真菌，人工诱集捕杀等生物防治法，清除枯枝杂草等病虫残物，选育和推广抗性品种，施用农药等，最好的方法就是因地制宜，综合防治。

蚜虫繁殖和适应力强，种群数量巨大，因此，各种方法都很难取得根治的效果，但如果抓住防治适期，往往就会事半功倍。春季的早期防治是蚜虫防治的最佳时期。

冬季如出现暖冬天气，使许多病虫害的越冬体得以大量存活，为流行和危害提供了大量病虫源，如果环境适宜，势必严重发生。虽然早春的多雨天气在一定程度上抑制了该虫的危害，但3月底至4月初，它已在许多园林植物上发生。

暖冬造成植物萌发较早，促进了蚜虫的聚集危害。另外，蚜虫自身也因未经低温锻炼而表现得较为脆弱。由于春初气温相对较低，蚜虫成长速度较慢，低龄期相对较长、食量较小、危害较轻、抗逆抗药性较弱，是防治的大好时机。一旦错过此期，气温普遍回升，植物生长繁茂，不但蚜虫数量已成千上万倍地增长，蚜虫抗逆抗药性也大大增强，蚜虫繁殖周期缩短，将会给防治带来极大的困难。

春季防治蚜虫可收到兼治尺蠖、螨、介壳虫等害虫的效果，但需要根据实际情况选择不同的药剂和浓度或复配用药。由于植株本身也处于幼嫩期，耐药力低，所以药剂施用浓度不能太高，否则易导致药害。春季多雨时期，施药就需在短暂的无雨时实施，且药剂易被随后的雨水冲掉而无法发挥作用。使用稀释500~1000倍80%的敌敌畏乳油在下雨的间隙抢施，可以收到很好的防治效果。由于空气湿度大，气温较低，不会发生药害。在这种较高浓度下，敌敌畏能迅速发挥熏蒸效果，不必担心遭雨水冲刷而失效。如果使用氧化乐果等内吸传导性药剂，往往会因雨水的干扰而无法施药或药效不佳。

抓住春季防治，大大降低虫源基数，再结合栽培措施，如栽植密度适宜，通风透气，控制水肥，保护并饲养释放天敌等，必能将蚜虫的危害控制在一定范围之内。

四、怎样正确选用杀菌剂

多菌灵是大家普遍喜用的内吸性杀菌剂，能防治几十种真菌病害。它对子囊菌、半知菌药效显著，但对细菌、真菌中的卵菌引起的病害无效，所以，在诊断植物得的是真菌病害，反复使用多菌灵无效的情况下，应考虑换苯基酰胺类农药（如甲霜灵），此类农药主要用于由卵菌引起的霜霉病、疫霉病、腐霉病，而对其他真菌和细菌所致的病害效果很差，这就是为什么长春花疫病不能用多菌灵防治而首选甲霜灵的原因。

二元酸铜（琥胶肥酸铜，DT）综合了多菌灵和甲霜灵的优点，既对半知菌、子囊菌、卵菌有效，还对细菌有一定功效，建议花卉种植者在判断植物同时得了真菌、细菌病害时，选用二元酸铜。

烯唑醇又名速保利，对白粉病、锈病、黑粉病、黑星病有特效，对由丝核菌、菌核菌引起的根病有良效。

百菌清是一种非内吸性广谱杀菌剂，对多种植物真菌病害有预防作用，它能阻止病菌孢子发芽，阻碍菌丝发育及孢子形成，并能防治对多菌灵产生抗药性的病害，但对土传腐霉菌引起的病害效果不佳。在防治土传病害中，用敌磺钠可防治腐霉菌、丝囊霉菌所引起的病害，并有特效，但对丝核菌效果差，而另一种杀菌剂五氯硝基苯专治由丝核菌引起的病害，因此，可用五氯硝基苯与敌磺钠以 3 ： 1 的比例混合，每 667 m^2 用药 4~8 kg，与细土混合，药与土的比例为 1 ： 200，沟施，可防治丝核菌、镰刀菌、腐霉菌引起的幼苗立枯病。

五、防治地下害虫的有效办法

地下害虫是指危害期在土中生活的一类害虫，主要有蝼蛄、蛴螬、地老虎和金针虫等。这类害虫种类繁多，危害寄主广，不仅危害蔬菜，还危害花卉、小麦、玉米、高粱、草坪、烟草、果树苗木等。它们主要取食作物的种子、根、茎、块根、块茎、幼苗、嫩叶及生长点等，常常造成缺苗、断垄或使幼苗生长不良。

防除地下害虫行之有效的办法有：

1. 药剂拌种

用 40% 甲基异柳磷乳油 500 ml 加水 50~60 kg、拌小麦、玉米、高粱、花生种子 500~600 kg，均匀喷洒，摊开晾干后即可播种。有效期 30~35 天，可防治蝼蛄、蛴螬、黄蚂蚁、金针虫等地下害虫。

2. 冬季深翻

封冻前 1 个月，深耕土壤 35 cm，并随耕拾虫，通过翻耕可以破坏害虫生存和越冬环境，减少次年虫口密度。

3. 清洁田园

头茬作物收获后，及时拣尽田间杂草，以减少害虫产卵和隐蔽的场所。在作物出苗前或地老虎 1~2 龄的幼苗盛发期，及时铲净田间杂草，减少幼虫早期食料。将杂草深埋或运出田外沤肥，消除幼卵寄主。

4. 根部灌药

苗期害虫猖獗外，可用 90% 晶体敌百虫 800 倍、50% 二嗪农乳油 500 倍液或 50% 辛硫磷乳油 500 倍液。任选一种灌根，8~10 天灌一次，连续灌 2~3 次。在地下害虫密度高的地块，可采用 40% 甲基异柳磷 50~75 g，兑水 50~75 kg，约下午 4 时开始灌在苗根部，杀灭地老虎效果达 90% 以上，还可兼治蛴螬、金针虫。

5. 揿施毒土

每公顷用 5% 特丁磷 37.5~45 kg，沟施、穴施均可，药效期长达 60~90 天。或每公顷用 50% 辛硫磷乳油 1.5 kg，拌细砂或细土 375~450 kg，在作物根旁开沟撒入药土，随即覆土，或结合锄地将药土施入，可防治多种地下害虫。

6. 灌水灭虫

在水源条件好的地区，在地老虎发生后及时灌水，可收到意想不到的效果。

7. 诱杀成虫

(1) 黑光灯诱杀。金龟子、地老虎、蛴螬的成虫对黑光灯有强烈的趋向性，根据各地实际情况，在可能的条件下，于成虫盛发期设置一些黑光灯进行诱杀。

(2) 放置糖醋酒盆可诱杀地老虎的成虫。

(3) 用炒香的麦麸、豆饼诱杀蝼蛄。一般在傍晚无雨天，在田间挖坑，施放毒饵，次日清晨收拾被诱杀害虫集中处理。

(4) 毒饵诱杀。将新鲜草或菜切碎，用 50% 辛硫磷 100 g 加水调 2~2.5 kg，喷在 1000 kg 草上，于傍晚分成小堆放置田间，诱杀地老虎。用 1 m 左右长的新鲜杨树枝泡在稀释 50 倍的 40% 氧化乐果溶液中，10 小时后取出，于傍晚插入春播作物地内，每公顷 150~200 枝，诱杀金龟子效果好。将新菜籽饼 2.5 kg 搓散，放锅中炒香，把炒好菜籽饼盛在桶内，然后把用温水化开的敌百虫倒入桶内，闷 3~5 min，于傍晚将毒饵分成若干小份散放于移栽棉田中，第二天清早就可见毒死的地老虎虫体。

8. 地面施药

用敌杀死治地老虎。做法是在傍晚收工后用背负式喷雾器，按每公顷用 30 桶清水，每桶清水内加 2.5% 的敌杀死 8 ml，配成 2000 倍的药液，搅拌均匀，满地喷洒。夜晚气温较低，蒸发量少，加上有露水覆盖，土壤、苗棵均成湿润状态，可保证药效。各类地老虎幼虫出来危害苗棵时，正与药物相遇，通过胃毒、气熏、触杀，药效可充分发挥，所有地老虎幼虫全部中毒，达到较好的治虫效果。这一灭虫技术，用在旱地作物各种苗地，效果均好。

9. 植株施药

用 90% 敌百虫 800~1000 倍液、50% 辛硫磷乳油 1000~1500 倍液、50% 二嗪农 1000~1500 倍液，以上药剂任选一种，在成虫发生期喷 2~3 次，每 7~10 天喷一次，均有较好的防治效果。

林木涂白剂的配置与使用：

秋冬季节，林木使用涂白剂，有杀虫灭菌和保温防冻作用。此举操作简单，预防效果好，现介绍几种常用涂白剂的配制与使用方法。

硫酸铜石灰涂白剂有效成分比例：硫酸铜 500 g、生石灰 10 kg。配制方法：用开水将硫酸铜充分溶解，再加水稀释；将生石灰慢慢加水熟化后，继续将剩余的水倒入调成石灰乳然后将两种混合，并不断搅拌均匀即成涂白剂。

石灰硫磺四合剂涂白剂有效成分比例：生石灰 8kg、硫磺 1 kg、食盐 1 kg、动（植）物油 0.1 kg、热水 18 kg。配制方法：先用热水将生石灰与食盐溶化，然后将石灰乳和食盐水混合，加入硫磺和油脂充分搅匀即成。

石硫合剂生石灰涂白剂有效成分比例：石硫合剂原液 0.25 kg、食盐 0.25 kg、生石灰 1.5 kg、油脂适量、水 5 kg。配制方法：将生石灰加水熟化，加入油脂搅拌后加水制成石灰乳再倒入石硫合剂原液和盐水，充分搅拌即成。

熟石灰水泥黄泥涂白剂有效成分比例：熟石灰 1 kg、水泥 1 kg、黄泥 1.25 kg。配制方法：将熟石灰、

水泥和黄泥加水混合后搅拌成浆液状即可使用，可酌情加入杀虫剂、杀菌剂以兼治林木的枝干病虫。注意做到随配随用。

在使用涂白剂前，最好先将林园行道树的林木用枝剪剪除病枝、弱枝、老化枝及过密枝，然后收集起来予以烧毁，并且把折裂、冻裂处用塑料薄膜包扎好。在仔细检查过程中如发现枝干上已有害虫蛀入，要用棉花浸药把害虫杀死后再进行涂白处理。涂白部位主要在离地 1~1.5 m 为宜。如老树露骨更新后，为防止日晒，则涂白位置应升高，或全株涂白。

5.3.4 绿化养护

为了确保成活率，防止绿化枯萎，我们制定了每年养护工作月历流程符合《城市绿化工程施工及验收规范》。

1. 一、二月份草坪修剪、根据干旱程度适当浇水，清除杂草。

2. 三月份主要工作：草坪修剪、清除杂草、苗木草坪施肥、适当浇水。

3. 四月份主要工作：草坪修剪、清除杂 草、病虫害防治、适当浇水。

4. 五月份主要工作：草坪修剪、清除杂草、苗木草坪修剪、施肥并适当浇水。

5. 六月份主要工作：因是新植苗木及新播草坪，做到每日普浇 1~2 次，使土壤保持湿润，同时清除杂草、进行病虫害防治。

6. 七月份主要工作：浇水抗旱、草坪修剪、清除

杂草、草坪施肥，搭荫篷，加强支撑，做好防台工作。

7. 八月份主要工作：浇水抗旱、草坪修剪、病虫害防治、修剪。

8. 九月份主要工作：草坪修剪、清除杂草、草坪施肥、浇水。

9. 十月份主要工作：清除杂草、病虫害防治、浇水。

10. 十一、十二月份主要工作：苗木草坪修剪、适当浇水、根据情况清除杂草，培土，并做好防寒工作。

一、乔灌木养护

1. 灌溉与排水

对新栽植的树木应根据不同树种的特性和不同立地条件进行适期、适量的灌溉，应保持土壤中有效水分。树木周围暴雨后积水应排除，新栽植树木周围积水应尽速排除。

2. 中耕除草

大型野草必须铲除，特别对树木危害严重的各类藤蔓应根除。中耕除草应选在晴朗或初晴天气，土壤不过分潮湿的时候进行。

3. 施肥

树木休眠期前，需施基肥，树木生长期施追肥，可以按植物的生长势进行。施肥量，应根据树龄、树种、生长期和肥源以及土壤理化性状等条件而定。施肥宜在晴天，肥料不得触及树叶。

4. 修剪、整形

修剪应遵循“先上后下，先内后外，去弱留强，去老留新”的原则进行。乔、灌木的修剪应以自然树形为主，通过修剪调整树形，均衡树势。乔木类：主要修剪徒长枝、病虫枝、交叉枝、下垂枝、扭伤枝、及枯枝和烂头；灌木类：灌木修剪应使枝叶分布均匀。花灌木修剪，要有利于促进短枝和花芽形成；绿篱类：修剪应促其分枝，保持全株枝叶丰满，造形绿篱按原有形态作整形修剪；地被、攀援类：修剪应促进分枝，加速覆盖和攀缠功能。

5. 防护

对高大乔木应以“预防为主，综合防治”的原则，作好预防工作。

6. 补植树木

树木缺株应尽早补植。落叶树应在春季土壤解冻后树木发芽前补植或在秋季落叶以后土壤冰冻以前补种；常绿树应在春季土壤解冻后树木发芽前补植或在秋季新梢停止生长后、降霜以前补植。

二、草坪养护

1. 草坪养护工作月历

1~2月份，此阶段为暖季型草坪的休眠期，主要为补种空秃处，必要时可酌施风化河泥，以增加草坪肥力。

3~4月份，天气渐暖，为保持草坪有足够的养分，须施肥一次，促使草坪生长更加旺盛。同时，及时除去冬存的杂草，对过冬沉陷处，应铲草填平后，将草坪复原浇水、镇压。为防止过度踩踏损伤嫩芽，应圈地禁入养护区。

5~6月份，进入梅雨季节，暖季型草坪生长加快，此时须对草坪进行一次滚剪，使草坪保持良好的通风状态，低矮美观。因梅雨季节多雨水，应注意防止草

坪积水霉烂。如发现草坪失色，应结合浇水施以速效性氮肥，使草坪迅速返青。

7~8月份，盛夏是暖季型草坪的生长旺盛期，也是杂草旺长和最易产生病虫害的季节。因此，将视杂草生长情况每月拔草1~2次，对恶性杂草可采用喷洒除草剂的方法处理，保证草坪无杂草；同时及时防治病虫害；碰到连续干旱高温，则视干旱情况进行早、晚浇足水抗旱；发现有板结地块，要采用刺孔、添配制土改良。

9~10月份，草坪经过盛夏生长期，此间应对草坪施用完全肥料或磷质肥一次，以促进草坪根群强大，增强其抗病和越冬能力。及时清除枯黄的草坪并补种，同时继续拔除杂草。由于气温下降，草坪害虫如草地螟、蝼蛄、金龟子幼虫开始活跃，应抓紧喷药，防治病虫害。

11~12月份，草坪逐渐进入休眠期，此时应彻底除杂草一次，如发现有蜗牛为害，可及时施药杀除。

2. 成坪期间养护

草茎铺植后务必保持床面湿润，为此需要多观察，适时适量洒水。适时揭开无纺布，一般种植后约一周即能生根，当草坪生长至3~4 cm高时即可揭去无纺布。

(1) 施肥：种植后15~18天即应追播复合肥(N ∶ P ∶ K= 15 ∶ 15 ∶ 15)，按10 g/m^{2}播撒，务必撒肥均匀，以免烧苗。复合肥必须选择溶解较快的肥料，撒肥后立即洒水。第二三次施肥间隔10天，施肥量15 g/m^2，以后施肥可加大施肥量10~15 g/m^2，间隔时间15~20天。

(2) 剪草：幼苗始分蘖并产生匍匐茎时(苗高4~5 cm)即可进行剪草。剪草量原则为剪去1/3。随着草皮密度的增加剪草时间间隔应逐渐缩短，并将草皮高度逐渐降至4 cm以下。

(3) 防病：草坪种植后喷施一遍杀菌剂，可选择代森锰锌、雷多米尔等多种杀菌剂。以后适时喷施杀菌剂。

三、地被养护工作月历

地被养护工作月历为：

1月份，酌施有机肥料，晴天中午适当浇水。

2月份，注意浇水，促使地被萌动地被养护工作月历。

3月份，检查地被复苏情况，适当浇水；控制游人走向，禁止游人踩踏；随着气温回升，注意及时施药，防止蚜虫、地老虎的危害。观叶地被开始萌发，可施春肥促使其生长。

4月份，清明前后是地被返青的高峰，要适当进行中耕除草、提高土壤温度和透气性。从4月份起，每月应施薄肥1~2次。

5月份，注意加强浇水施肥，使开花地被花蕾饱满；本月是病虫害普遍发生季节，应加强防治。

6月份，全面进入梅雨季节，要注意病害的发生，每隔10~15天喷洒200倍波尔多液一次；加强防治蚜虫、红蜘蛛的危害；春季开花植物要施花后肥，为孕育明年的花蕾作准备。

7月份，中耕、除草、施追肥，干旱时要在早晚浇水或喷雾，提高空气湿度，结合浇水酌施薄肥；继续防治蚜虫、红蜘蛛等病虫害。

8月份，平时要经常浇水和喷水；在暴雨和台风季节要开挖临时排水沟，以防积水；秋后对地被种植地进行土壤改良。

9月份，对秋花地被进行施肥，继续防治蚜虫等病虫害，适当进行植株整理，以保证地被整体效果；做好秋播地被苗期养护工作。

10月份，地被生长高峰已过，要对地被植物进行整理，修剪徒长枝、竖向枝可促使枝条开展，加大覆盖面。

11月份，大部分地被植物开始进入休眠或半休眠，要施冬肥和秋花"花后肥"；修剪地面枯黄部分，进行地被植物的种子采收，清理枯株群落。

12月份，在严冬到来之前，对一些易受冻害的地被植物提前作好防冻工作，可采用撒木屑、盖稻草或适当浇水防冻；深翻施肥，促使翌年萌蘖粗壮。做好养护总结，制定第二年养护计划。

四、园林病、虫、杂草的重点检测防止对象

1. 叶部病虫害：食叶性病虫害包括白粉病、叶斑病。

食叶性害虫：刺蛾、尺蛾。

2. 茎干部病虫害茎干部病虫害包括枝枯病、菟丝子。

钻柱性害虫：天牛、吉丁虫。

3. 根部病虫害：根瘤病、立枯病、线虫病。

根部害虫：蝼蛄、蚯蚓。

4. 刺吸害虫：蚜虫、蚧虫、叶蝉。

刺吸性害虫引发病害：煤污病。

5. 园林杂草：藤本、香附子、莲子草。

五、病虫害的一般外部症状

1. 叶部病虫害

叶部病害状：斑点、穿孔、萎焉、畸形、褪绿。具代表性食叶性害虫的危害状有黄刺蛾表现为纱点、穿孔、缺刻；褐边绿刺蛾表现为明纱片、缺刻；叶蜂表现为纱网、穿孔、缺刻。

2. 茎干部病虫害

茎干部病害状：病斑、腐烂、烂心等，具代表性钻柱性害虫的危害状，星天牛为有气孔有排泄物，桃红颈天牛为伤裂皮层内外排泄。

根部病虫害状：瘿瘤、变色、腐烂等。具代表性根部害虫的危害状，蝼蛄为全株枯萎，地老虎为苗木倒伏，蜗牛为叶面孔洞。

六、刺吸性害虫及其诱发病害

具代表性刺吸性害虫的危害状，桃蚜为嫩叶皱缩，红蜡蚧为叶色黄萎，叶面煤污；桑白蚧为茎干部灰白，叶色黄萎。诱发病害状有刺吸性害虫排泄物覆盖诱发的煤污病。

七、园林病、虫、杂草防治

1. 园林植物检疫

从外地采购的苗木、草皮、地被及其他绿化材料，需有苗木检疫证。绿化材料经植保专业人员检查，确无病虫原，扎草后方可种植。

2. 园艺防治

在同一个地方严禁种植互为转主寄生病虫原的园林植物。按园林植物的生长特征，剪除病害枝、虫害枝、徒长枝。

3. 人工防治

应摘除悬挂或依附在植物和建筑物上的越冬虫茧，虫囊和卵块，卵囊等休眠虫体；应剪除孵化初期未分散的幼虫枝叶；应直接捕杀个体大，危害状明显的害虫，及有假死性或飞翔力不强的成虫。

4. 生物防治

在园林植物群落中，应增蜜源植物，鸟食植物。应保护和利用天敌资源：伞裙追寄蝇是大蓑蛾的优势天敌；智利食绥螨能抑制多种叶螨。积极施用致病细菌、真菌、病毒等微生物制剂。对鳞翅目食叶害虫的药物防治，应在幼虫低龄期先施用苏云金杆菌制剂。对黄尾毒蛾、蓑蛾、粉蝶可应用多角体病毒制剂。对多种花卉植物的白绢病，可应用木霉菌制剂。对球根、宿根花卉细菌性病害，可应用抗生素制剂。植物病毒病可适用干扰素。

5. 物理防治

在成虫发生期应利用有一定装置规格的黑光灯诱杀成虫，在诱杀害虫时应防止误伤益虫利用热力处理种子，种球以及植物组织，以消灭内、外病虫原。

6. 化学防治

用触杀剂及时防治病虫原。用胃毒剂防治取食量大的食叶害虫，或较隐蔽的地下害虫而保护天敌。用熏蒸剂防治病虫原。用激素剂抑制害虫的生长发育或诱集、迷向，抑制其繁衍。

7. 合理用药

(1) 应用化学药剂，必须严格执行《国家植物保护条例》及《国家农药使用防毒技术措施》《农药安全使用规则》。在园林绿化环境中禁止施用以下药物：剧毒药剂，或对害虫天敌、有严重影响的药物。同一种化学药剂，不宜连续施用。

(2) 注意园林植保人员防护、保健。直接操作施用药物的植保人员，必须正确选用质地较好透气性工作服、胶鞋、胶皮手套，相对应的放毒面具或口罩等。施药人员如有头痛、恶心、呕吐等症状时，应立即离开现场，脱洗衣物，使其在通风处休息或送医院。在进行有毒农药操作时，施药人员要避免作业时间过长，过累，应定时替换操作人员。喷药时应注意风向：喷药人员要处于上风向。

6 上海经典的屋顶绿化

上海经典的屋顶绿化

上海的特殊空间绿化在我国始终处于领先的地位，改革开放初期的 80 年代，上海华亭宾馆建造了“空中花园”，随着 90 年代以后上海经济的高速发展，不少豪华酒店，为了提高整体的服务品质，都建筑了“空中花园”。

上海大力推广屋顶绿化是 21 世纪的事，上海市绿委办公室梁盘中、杨其景两位处长，组织各区绿化干部到成都、深圳、北京等地学习、取经，结合上海的实际情况，选静安区做屋顶绿化的试点单位，做了一批屋顶花园和屋顶草坪，取得了扎实的实践经验，然后在全市各区、县推广普及。

6.1 闵行区屋顶绿化

2008 年闵行区实施屋顶绿化 10 万 m^2，2009 年完成屋顶绿化 15 万 m^2，2010 年 5 月 8 日上海世博 · 世界屋顶绿化大会上，闵行区荣获世界屋顶绿化最佳城市金奖。

闵行区的做法是很值得借鉴、推广，他们首先依据建筑荷载，确定屋顶绿化方式，然后严格把好屋顶绿化设计关，而且要选好施工队伍、严把施工质量，最后还要坚持原则，严格验收，及时发放屋顶绿化补贴经费。

闵行区在施工技术上独到之处，是在已有建筑上重新实施阻根防水，并及时进行屋顶绿化的各项工序，几年来他们实施的所有屋顶绿化工程，没有发生任何屋顶漏水现象。使这一举措赢得了全区各界人士对屋顶绿化工作的支持。区委区政府领导高度重视这项环保、生态、节能、低碳的工程，由于没有土地成本、花同样的钱，可以获得更多的绿地；绿化局的两位女局长吉局、杨局积极负责的贯彻区领导的指示，在实际工作中发挥了连续作战和不断创新的优良工作作风。

6.1.1 美林苑

1 | 2 / 3

1 红叶石楠 + 红枫 + 山茶 + 垂盆草 + 银石蚕，丰富的屋顶植物与远处的地面植物融为一体，是整个画面更加和谐。

2 随着技术的不断提高，体积较大的植物也可以栽植在屋顶花园中

3 垂盆草 + 紫薇 + 山茶 + 南天竹 + 红枫的黄、绿、红，构成了屋顶上丰富多彩的画面。

6.1.2 闵行区原农工商屋顶绿化

■ 1 桂花 + 银石蚕 + 沿阶草 + 三色堇 + 大叶黄杨 + 龙爪槐

■ 2 桂花 + 银石蚕 + 金山绣线菊 + 紫竹梅 + 红枫

■ 3 闵行区原农工商立体绿化（檐口）

■ 4 大叶黄杨 + 三色堇 + 红花檵木 + 桂花 + 山茶，修剪整齐的植株配上古朴的小品，整个场景都富有艺术气息。

6.1.3 南方商城屋顶绿化

1	2	
	3	4

- 1 罗汉松 + 红枫 + 日本五针松 + 花叶蔓长春花 + 三色堇 + 大叶黄杨 + 南天竹 + 红花檵木 + 苏铁 + 垂盆草
- 2 无刺枸骨 + 紫藤 + 红叶石楠 + 杜鹃 + 樱花
- 3 苏铁 + 红枫 + 红花檵木 + 三色堇 + 南天竹 + 罗汉松 + 山茶 + 杜鹃
- 4 紫藤 + 无刺枸骨 + 杜鹃 + 红叶石楠 + 樱花 + 大叶黄杨

6.1.4 闵行区图书馆、青少年活动中心、档案馆“三馆合一”的屋顶绿化

1	3
2	4

■ 1 桂花 + 红枫 + 日本五针松 + 樱花 + 山茶 + 红花檵木 + 银石蚕，屋顶花园为人们提供了一个很特别的休息空间

■ 2 红枫 + 桂花 + 山茶 + 茶梅 + 红花檵木 + 樱花，屋顶花园远离地面汽车尾气和各种噪声的污染，在这里人们可以得到真正的休息放松

■ 3 银边吊兰 + 红花檵木 + 三角枫 + 三色堇 + 南天竹，一般屋顶的外围转角处都设有承重结构，因此可以在这些地方栽植一些大乔木，既安全又能丰富景观效果

■ 4 三色堇 + 九里香 + 红花忍冬 + 藤本月季，屋顶上也可同时进行墙体绿化，最大可能的增加绿量

6.1.5 闵行区人民政府 1 号楼屋顶绿化

6.1.6 闵行区人民政府 3–6 号屋顶绿化

6.1.7 闵行区实验小学（春城校区）屋顶绿化

1 3 4 5 2 6

- 1/2 杜鹃 + 红枫 + 山茶，闵行区绿地集团屋顶绿化
- 3 三色堇 + 杜鹃 + 银边大叶黄杨
- 4 美女樱 + 沿阶草 + 银边玉簪 + 无刺枸骨 + 红花檵木 + 金森女贞 + 紫叶小檗 + 黄杨 + 红枫
- 5 洒金桃叶珊瑚 + 紫叶小檗 + 美女樱 + 八宝景天 + 黄杨
- 6 羽毛枫 + 红花檵木 + 垂盆草 + 大叶黄杨 + 罗汉松 + 南天竹

6.1.8 上海第五医院和闵行区中心医院屋顶绿化

1	2	4
	3	5

■ 1/2 八宝景天＋垂盆草，这两种景天科的植物非常适合屋顶绿化。

■ 3 垂盆草＋龙爪槐＋海桐花

■ 4 上海第五医院和闵行区中心医院屋顶绿化

■ 5 垂盆草＋桂花

6.1.9 闵行区虹桥镇人民政府屋顶绿化

6.1.10 林阁酒店屋顶花园

1	2	
	3	4

■ 1 垂盆草＋苏铁＋红枫＋三色堇＋黄金菊

■ 2~4 世界屋顶绿化大会代表参观闵行区屋顶绿化，予以高度评价。

6.2 在环卫建筑上营造“空中花园”

6.2.1 静安区固体废弃物流转中心立体花园

静安区固体废弃物流转中心位于昌化路、淮安路交叉口，占地面积 4530 m^2，2004 年竣工交付使用。它周边是密集的居民区，还有菜市场等居民生活区，环境较为复杂。为了使公共建筑得到综合利用，建筑师把垃圾中转站设计为半地下建筑，地面和建筑屋顶全部布置绿化景观。设计师高度重视中转站的生态景观建设，为了让周边居民群众有一个和谐美观的生活环境，他以生态理念为指导，将这一公共环卫建筑建为一处居民群众茶余饭后散步休闲的“空中花园”。

1		4
	2	5 | 6
3		7

■ 1 建筑立面被灌木和小乔木包围，与地面绿化交相辉映，让人有回归自然的亲切感

■ 2/3 用水景和沿口悬托容器绿化进行装饰，将大体量建筑的劣势转化为具有立体景观效果的优势

■ 4 园路曲径通幽，绿化虚实结合，令游人心旷神怡

■ 5 营造城市自然森林

■ 6 固体废弃物流转中心入口

■ 7 开放式的屋顶空间，供市民休憩、晨练之用

该屋顶可分为 4.8 m、7.5 m、10.8 m 和 12.9 m 四个平台，利用四个平台建造了一个开放式的“空中花园”。环境因素的多样性使其很难确立自己的风格，针对这样的情况，通过精心设计，最后确定以人、环境和建筑和谐共存为主题建设屋顶绿化。

屋顶的 12.9 m 平台上设置了 14 个四方锥型玻璃采光口，一方面使规划轴对称型绿化得到提升，更具有现代气息；另一方面玻璃采光口有吸收光照、节约能源的作用，与环保主题更贴切。

室内尽可能地用自然光采光体现了节能环保的理念，所以垂直墙面上设置了大面积的采光玻璃窗，以求降低建筑的采光能耗。

植物配置着重采用了彩化、香化品种，如广玉兰、银杏、樱花、红枫、乐昌含笑、红千层、桂花等，并以花景丰富景观，如采用新品种金山绣线菊、黄金菊、细叶芒、细叶美女樱等。用高大乔木广玉兰、银杏和榉树为骨干树种，遮挡建筑，并以香花树种桂花组成绿篱围墙，使绿化与建筑有机融合，实现多层次绿化在视觉上的浑然一体。

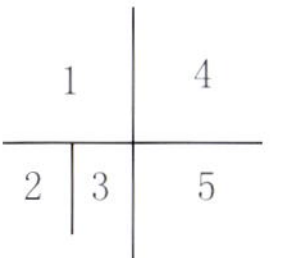

1 用灌森和小乔木来软化建筑的硬性线条，提供景观效果。透明尖顶为垃圾中转站的采光口

2 室内尽可能地使用自然光采光体现了节能环保的理念，从而大大降低了建筑的采光能耗

3 用玻璃采光口来吸收光照、节约能源

4 垃圾站屋顶绿化节点

5 花园中光影交错，绿树成荫，给人美的享受

6.2.2 排污站上的立体花园

它位于静安区苏州河畔泰兴路康定路路口的蝴蝶湾花园，建筑地下是一座5000多平方米的大型市政排污水泵站，地上是一座8000多平方米的现代化都市大花园。设计师巧妙地将两者有机并艺术化地结合在一起，打造了一个富有艺术感的城市滨水新景观。

管道排污泵站难免有异味，特别是在夏天，蝴蝶湾花园在公园广场正面建起一个石阵跌落水池，西侧设计为阵列式水池，通过叠瀑水体流动产生的负离子净化周边空气。水池往北延伸出两段弧形艺术景墙，又将排水泵站地面设施巧妙地隐于其后。蝴蝶湾沿苏州河一侧为亲水平台和廊架，竹林、高大的白玉兰、华盛顿棕榈、榉树、银杏等植物点缀其中。公园丰富的植物、景墙、桁架、廊架、叠瀑、亲水平台，形成的动与静串插，光与影变幻，虚与实对比，成为苏州河畔一个标志性景点。

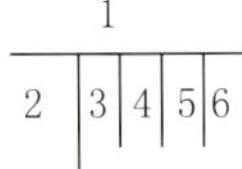

1 利用叠瀑水流产生的负离子净化周边空气
2 高大的华盛顿棕榈和附近高层建筑相映成趣
3 一组石雕塑错落有致
4 兼顾吊装功能又非常艺术化的泵房上部设计
5 亲水平台
6 艺术景墙

6.3 同济大学立体绿化

同济大学、百年名校，以医学与建筑专业最为著名，也许是德国人创办的原因，至今在同济校园里仍能看出许多德国风韵。

国际社会公认屋顶绿化德国做的最好，同济校园也有多种形式的、精美的特殊空间绿化。如进学校大门处的行政办公楼墙体绿化，设计院大楼地下车库顶部的绿化与立体花坛，综合楼顶部两棵树构成的屋顶花园，楼前下沉广场绿化与桥梁结构模型的巧妙搭配，逸夫楼内的绿化等等都给人以视觉的享受，是实实在在的节能减排，同时又起到了环境育人的功效。同济大学继续教育学院与世界屋顶绿化协会正在探讨合作办学，为社会培养立体绿化的各类专业人才。

11月1日至3日笔者出席了新加坡屋顶绿化论坛，听取了多位世界著名建筑师谈碳汇建筑，介绍他们设计新颖的空中花园、墙体绿化，低碳、节能、生态、宜居必将是未来的时尚，若想缩小中国与他们的差距，抓紧培训人才是最重要的举措之一，祝愿同济大学在这方面取得骄人的业绩。

1	3		
2	4	5	6

1 同济大学行政楼墙体绿化
2 地下车库顶部的立体花坛
3 下沉广场
4 楼体的爬山虎
5 水杉林
6 两棵树的屋顶花园

6.4 上海大型的绿地车库的屋顶绿化

上海的特殊绿化除屋顶绿化、墙体绿化很突出外，它的地下车库绿化特别值得各城市学习借鉴。停车难已经成为一个社会关心的焦点问题，现在上海新建项目几乎都要建造地下车库，停车难已经成为一个社会关心的焦点问题，地下车库顶部的绿化逐渐得到重视和利用。地下车库顶部的绿化与建在屋顶上的“空中花园”施工工艺几乎是完全一样的，都属于脱离地气的绿化。本书介绍二个上海最具代表性的地下车库顶层的绿化建设，一个是位于沪西市中心的人民广场，另一个是浦东世纪广场。可以说这两个广场绿地是上海最大的屋顶绿化项目。

6.4.1 人民广场

笔者在文化大革命期间因工作多次在上海居住，当时的人民广场是上海的政治活动中心，是名副其实、又大又光的水泥地，相当于北京天安门广场，是举行盛大集会和游行的首选之地。

城市中心区最宝贵的资源是土地、最昂贵的是地价，人民广场由单一的光地广场，通过精心的改建，成为上海市地铁最重要的周转站，南京路地区最大的地下商城和地下停车场，地上建成了焕然一新的公园绿地，与上海市人民政府、大剧院、博物馆等机构为伍，成为大上海最核心、最优美的繁华地段。

人民广场改建为多用途的公园，花费了几十亿元人民币，这些年的运营不仅收回了投资，还年年赢利，这种使土地复合利用、循环利用的做法，很值得推广、借鉴。

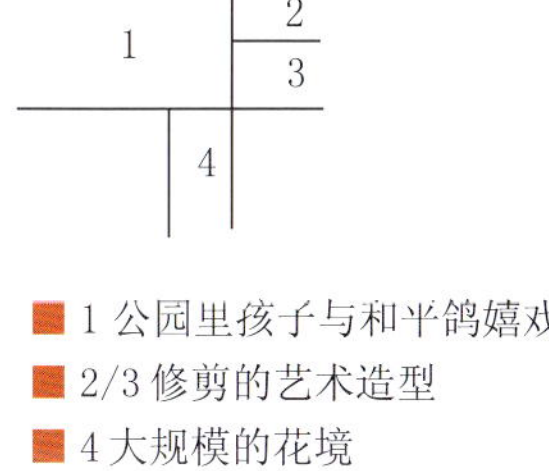

■ 1 公园里孩子与和平鸽嬉戏
■ 2/3 修剪的艺术造型
■ 4 大规模的花境

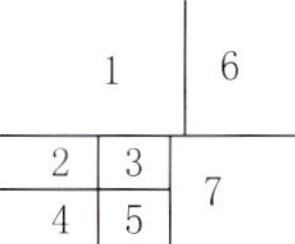

1~7 地下商场顶部绿化实景

6.4.2 世纪广场

世纪广场位于浦东新区最繁华的陆家嘴中心地区。在陆家嘴，上海新掘起的金融中心与有着上海建筑历史博物馆著称的外滩隔江相望。东方明珠电视塔、上海金贸大厦、环球中心摩天楼、众多的中外银行大厦都汇聚在这里，成为浦东开发建设成就的标志性建筑群。

世纪广场是这个区域里的一个亮点，世纪广场的地下空间与沪西人民广场的地下空间用途很类似，都建有大面积的商场、停车场、地下办公用房等，总之是将地下空间充分利用，挖掘出它所有的经济价值。它地上的公园比人民公园更大气开阔，辽阔的水面、平坦整齐的草坪、人造森林的树阵、笔直的通道、高大的雕塑，这一大片绿色拥抱着上海浦东新区政府办公楼、曾接待过美国总统奥巴马的上海科技馆、造型宛如梅花的上海东方艺术中心、陆家嘴集团属下的东怡大酒店等，这里建设的大气、现代，体现了上海浦东开发的时代风貌。

笔者 2010 年 5 月 6 日有幸就世纪广场这个上海最大的屋顶绿化项目，拜访了陆家嘴集团总裁杨小明先生，他是浦东开发 18 勇士之一（上海市委调到浦东开发区第一批 18 名干部之一），他非常低调坦诚的说："今后陆家嘴的建设将特别突出节能、低碳、生态、宜居。屋顶绿化、墙体绿化、地下车库顶部的绿化，实践证明了是花钱少、效果好、最受群众欢迎的绿化方式。"

我相信浦东陆家嘴将会成为引领中国、影响世界的生态、节能、低碳、宜居的科学发展示范区。

1

2 | 3

■ 1 世纪广场鸟瞰

■ 2 上海科技馆

■ 3 地下商场入口

1 5 6
2 4 7
3

■ 1~7 世纪广场实景

6.5 立体花坛、花境（街道、立交桥）

6.5.1 立体花坛

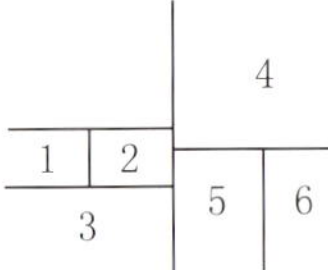

■ 1~3 四平路同济大学

■ 4 东方明珠造型的立体花坛

■ 5 淮海路的立体花坛

■ 6 细致精美的模纹和高水平的修建养护技术体现了上海大都市的风范

EXPO2010

1 | 2
  | 3

■ 1 世博会吉祥物——海宝
■ 2/3 上海街头立体花坛

爱护花草
请勿入内

6.5.2 墙体绿化

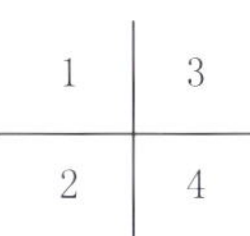

■ 1 卢湾区街道垂直绿化
■ 2 重庆南路天主教堂
■ 3 淮海路墙体绿化
■ 4 外滩垂直绿墙

UOB
聚会

6.5.3 容器绿化

1 2 3 4 5

- 1 杨浦和平公园
- 2/4 花海一般的街道。
- 3 自行车棚绿化，既起到了道路分割的作用，又美化了环境，还能减弱汽车尾气等污染
- 5 福州路上的组合木箱

1	2	3
4	5	6

■ 1~6 上海街头各种容器绿化

6.5.4 道路、高架桥绿化

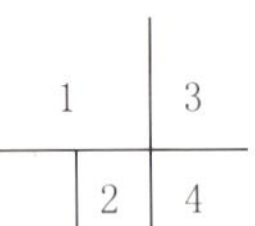

■ 1~4 过街天桥绿化

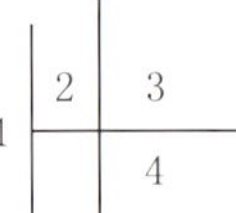

■ 1/2 陆家嘴金融区街道绿化
■ 3/4 浦东张扬路绿化

1		4	
2	3	5	6

■ 1 立交桥下的初春绿地
■ 2 莲花路立交桥
■ 3 金桥
■ 4/6 延安路天桥
■ 5 静安公园天桥

■ 延安路花境、花坛结合高架路绿化

7 上海市公园绿地建设

上海公园绿地建设

上海是中国人口密度最大的城市，由于历史的原因绿地很少，建国初期形容人均绿地“一双绣花鞋”，随着上海的发展，人均绿地逐步发展到“一个坐凳”“一张床”。上海绿化真正得到大发展是浦东开发之后，这几年为迎接世博绿地事业更是日新月异的飞速前进。

上海市规定市民出行 500 m 就有公园绿地，大量的拆迁建绿，使城市特别是城市的中心区出现了许多美丽又实用的街心公园、社区公园，它们是城市的绿肺，大大提高了市民生活的幸福指数。

当然，每个公园花费少则几亿元，多则几十亿元人民币，这其中主要是搬迁费用高的惊人，市中心区每平方米搬迁费约 10 万元人民币。

上海市为打造现代国际大都市，新建了一大批有相当规模的公园，本章选取有代表性的加以介绍。

7.1 闵行区体育公园

闵行体育公园占地 1260 亩约 84 万 m^2，园内新型体育场馆、热带风暴水上乐园和青少年活动中心一应俱全；十大景区风景宜人，喷泉林荫、观景草坪、翡翠山林、卵石溪流、生态湿地、南国风情、百树林相得益彰；最妙的是各个景区之间是由 18 座风格各异的桥梁连接，水边长长的木廊、溪流间的吊桥，给公园凭添一分雅趣。

为迎接 2010 年上海世博会，闵行体育公园迎来了一批新“客人”——17 个新的绿化景点，包括立体花坛、生态墙等，这些景点主题鲜明、意趣盎然、动感可爱，并精心选择了本土的春季开花植物。

彩虹之桥，梦想之桥。“彩虹”是以虹桥镇命名的，它象征着梦想和人们美好的愿望，景点通过海宝、虎娃、彩虹表现庆祝 2010 年世博会的召开，表达虹桥人民

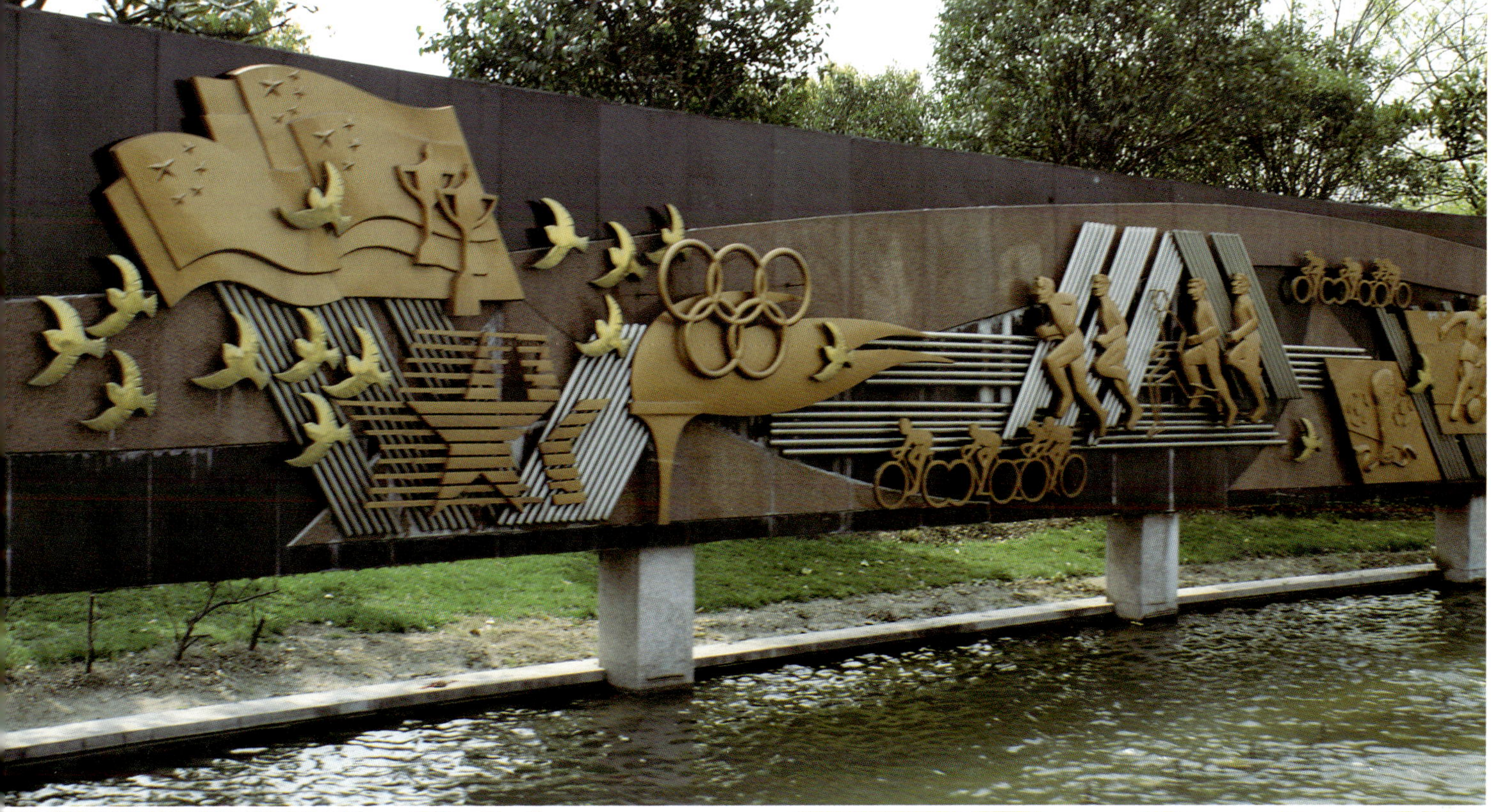

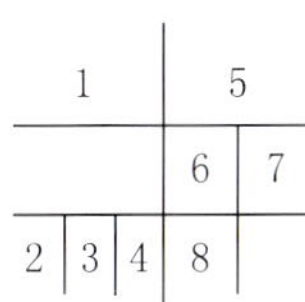

■ 1 四季秋海棠 + 万寿菊 + 一串红（红黄相衬组成中国最喜庆的色彩）

■ 2 五色苋 + 花叶蔓长春花 + 茼蒿菊 + 黄金菊

■ 3 五色苋 + 矮牵牛 + 滨柃 + 南非万寿菊 + 花毛茛

■ 4 "龟兔赛跑"勾起了大会主席曼弗雷德教授的童年回忆

■ 5 音乐雕塑广场，雕塑墙为高 3 m，宽 44 m，用铜和不锈钢雕制的体育运动图案组成的长卷形浮雕

■ 6 矮牵牛 + 凤仙花 + 大花飞燕草 + 花毛茛 + 南非万寿菊 + 变叶木 + 染料木 + 金鱼草
锣鼓欢腾，以锣鼓为特色，以世博为契机，向市民展示莘庄镇的民族特色，并表达莘庄人民欢天喜地迎世博的心情

■ 7 紫藤 + 矮牵牛

■ 8 万寿菊 + 矮牵牛 + 勋章菊 + 耧斗菜 + 染料木 + 羽扇豆 + 薰衣草 + 南非万寿菊 + 红叶石楠

世外桃源
远离喧嚣的城市，独有自己的一片清宁世界，在如今的都市，世外桃源都是大家所向往的，一种淡泊，一种自在，一种舒畅。
闵行区绿化和市容管理局
二〇一〇年四月十八日

和谐古美
品质生活
闵行区

的喜悦之情。

在闵行区体育公园的湿地生态区，从喷泉林荫道向北过金桥到锦绣湖畔西侧的亲水平台起，北至景观码头，沿湖西侧的水面建有长约 400 m 的木栈道，盖有两座水榭。木栈道两旁有近 4000 m^2 湿地生态植物展示区，种有 50 余种沉水、浮水与挺水水生植物。木栈道北段，安装雾森系统，游客过此，烟雾缭绕，如临仙境。

随着体育在人们生活中位置的提升，“体育生活化，生活体育化”的先进理念将逐渐融入人们的生活环境中。体育公园的建成，从一个侧面反映了这一理念。

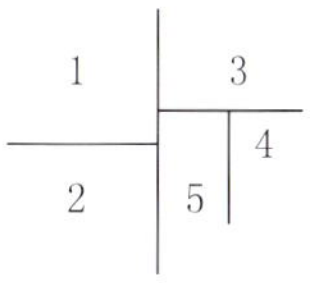

■ 1 红花檵木 + 大花飞燕草 + 毛地黄 + 杜鹃 + 耧斗菜 + 羽毛枫 + 染料木 + 沿阶草
这里像是世外桃源，远离喧嚣的城市，独有自己的一片清宁世界，在如今的都市，世外桃源都是大家向往的，一种淡泊，一种自在，一种舒畅。

■ 2 红花檵木 + 四季秋海棠 + 矮牵牛 + 黄金菊 + 黄杨 + 大花飞燕草
“合家欢乐”通过一个阳光明媚的日子里，举家来闵行体育公园欢乐游园的场景，向市民展示家和万事兴的真谛，也体现“和谐古美 品质生活”的理念

■ 3 美丽月见草 + 黄花鸢尾
水面、河溪与全园地形相互呼应，宛如天作

■ 4 五色苋
让绿地“动”起来，使体育“绿”起来，以人为本，体现公益性、大众性、多样性，构成了闵行体育公园的一大特色

■ 5 初春园林中别致的点缀“喷雪花”

7.2 辰山植物园

辰山植物园占地 207 万 m^2，由中国科学院、国家林业局和上海市政府联合共建，2006 年 2 月选定了德国瓦伦丁规划设计组合的方案为实施方案。经过 4 年多的建设，辰山植物园已成为上海一张全新的“绿色名片”，园区以“绿环”为规划核心概念，形成围合的场地结构，配合原有水体的改造，形成山体、沉园、中心区、水域为主体要素的园区，并在“绿环”及环外区域形成了温室、科研中心、科普中心及各类植物景观。它是上海面积最大的冷季型屋顶草坪。

2010 年 9 月 13 日笔者拍摄了这组照片。

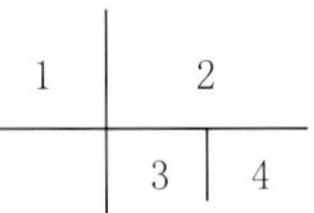

■ 1 站在屋顶遥望园区

■ 2~4 屋顶草坪实景

1	2	6	
3	4		
5		7	9
		8	10

■ 1 2009 年 3 月 30 日笔者拍下了辰山植物园建设中的场景
■ 2/4 摄于 2009 年 3 月 30 日
■ 3 经过 1 年半的时间，植物长大了 摄于 2010 年 9 月 13 日
■ 5 园区实景图
■ 6 人造瀑布是矿坑花园的主景
■ 7 从坑口的阶梯步入矿坑
■ 8 为防止矿石滑落，用安全网围护
■ 9 昔日采石的深坑，如今水波荡漾
■ 10 坑水清澈见底，好像来到了九寨沟

7.3 吴淞炮台湾湿地森林公园

总面积为 53.46 万 m^2 的吴淞炮台湾湿地森林公园位于宝山区东部，背山面水，东频长江、黄浦江，西倚炮台山，南迄塘后支路，北至宝杨路，沿江的岸线长达 1974.13 m。其西南角是著名的吴淞口，清朝时借此地形建造水师炮台，所以得名为炮台湾。该公园的设计突出生态恢复及文化重建理念，不仅让原有的滩涂湿地在设计中得到有效的保护，并在沿江岸线一侧通过大小生态岛的组合，利用潮起潮落的水位变化，营造 11 万 m^2 的湿地景观。

1	2	6		
	3	7		
4	5	8	9	10

■ 1~8 吴淞炮台湾湿地森林公园实景

■ 9 沿阶草 + 金光菊

■ 10 夹竹桃

7.4 大宁灵石公园

大宁灵石公园位于上海市闸北区，东起共和新路，西至沪太路，北临灵石路和广中西路，南至大宁路，占地面积 50 万 m^2，公园总面积为 68 万 m^2，总投资达 9.6 亿元，是上海浦西最大的公园，是闸北区重大项目向市场直接融资运作较为成功的综合型项目。通过改造原有村镇混杂的状况，提升了该地区的绿化面貌和生态环境质量，加快城市化水平的进展和周边地区房地产的开发，创造了良好的生态效益、社会效益和经济效益。

大宁灵石公园定位为“生态景观型城市公共绿地”，从设计理念上注重文化内涵和以人为本，设计手法崇尚自然，以叠山、理水，营造自然山水为构架，配置丰富多彩的乔木、灌木、草坪和地被植物，并因地制宜建设湿地沼泽园，形成稳定的人工植物群落。新建成的大宁灵石公园以其各具特色的山林、清泉、湖泊、瀑布形成一片湖光山色，景色迷人的都市园林。

1 | 3
2 | 4 | 5

■ 1/3/5 大宁灵石公园实景

■ 2 红花檵木 + 圆柏 + 荷花玉兰 + 桂花

■ 4 红花檵木 + 桂花 + 杜鹃 + 羽毛枫 + 八仙花 + 对节白蜡

1 2 3 4 | 5 6 7

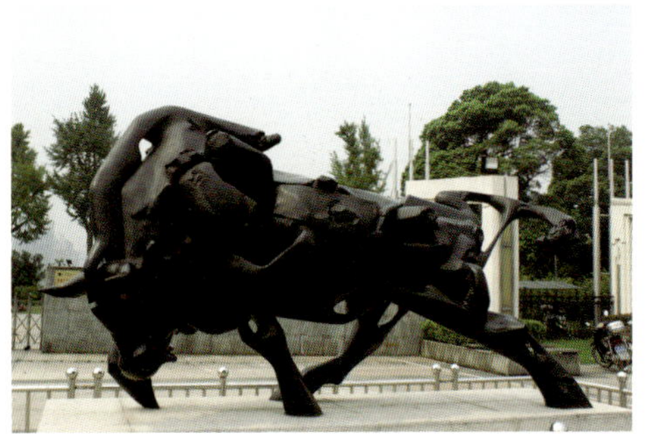

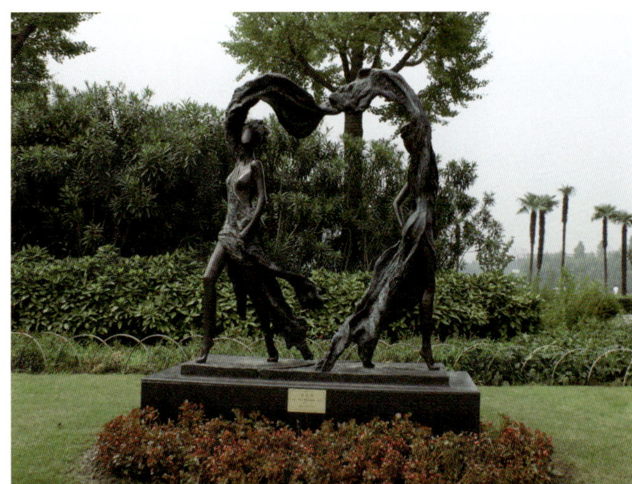

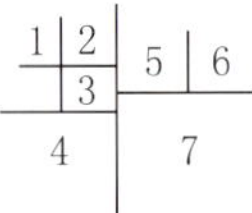

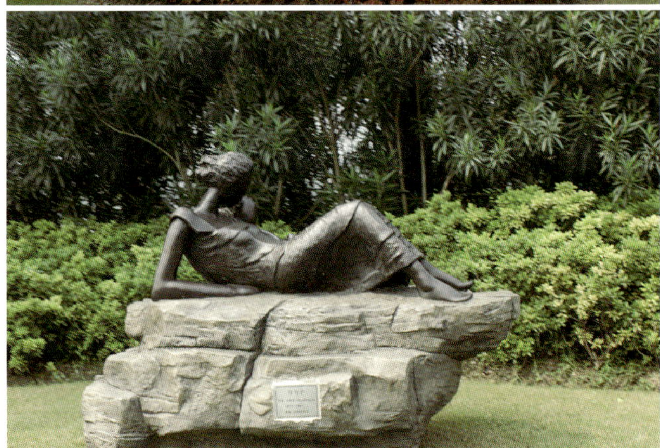

- 1/3/4/5/7大宁灵石公园实景
- 2 四季秋海棠
- 6 荷花玉兰 + 洒金桃叶珊瑚 + 八仙花 + 桂花

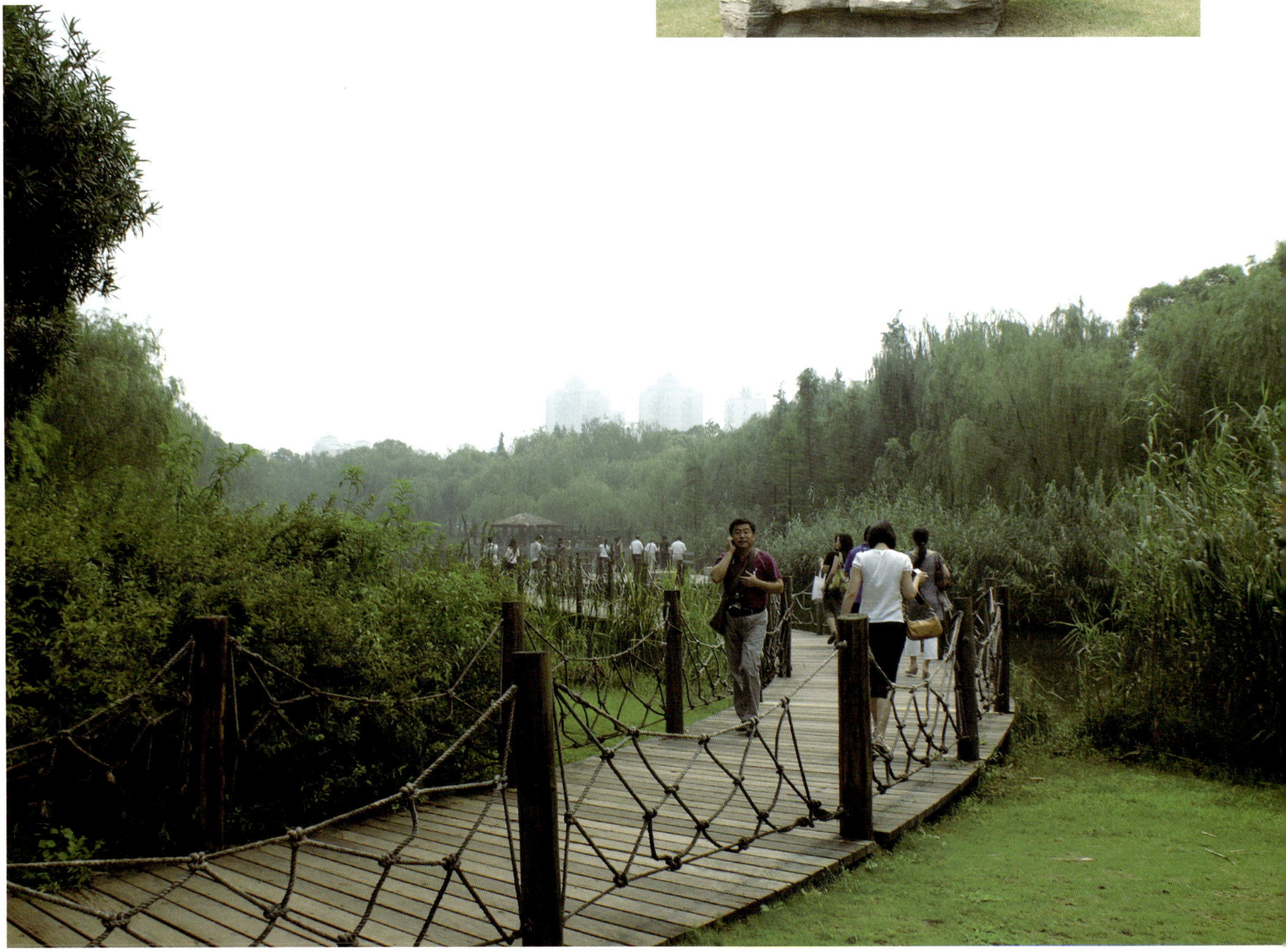

7.5 后工业生态景观公园

后工业生态景观公园位于长江西路 101 号“上海国际节能环保园”内，总面积为 53,000 m^2。设计充分利用场地内废弃的厂房、除尘塔、仓库、堆场等具有历史意义的工业元素，加以发挥和利用，力求体现历史文脉，探索一种在老工业基础上建造新模式的文化公园。

在昔日耗能污染大户——上海铁合金厂的原址上，建成了独具环保特色的钢雕公园。老厂遗留的废旧钢铁被制成了一件件发人深思的钢雕艺术品，体现过去与未来“转换”的创作主题。这一钢雕公园将成为上海一个新的人文地标和旅游基地，也将成为国内外钢雕创作和相关艺术品交易的基地。

废旧钢铁，加一点硅、不锈钢、合金钢，原有价值得以提升，废旧钢铁注入艺术生命变身为钢雕作品，它的价值将再次提升。整个厂区是钢铁的铿锵世界，雄伟开阔而气势磅礴。

1 | 3
2 | 4 | 5 | 6

1~6 后工业生态景观公园实景

1~15 后工业生态景观公园实景

7.6 新江湾城生态公园

新江湾城规划总占地面积为 9.45×10^6 m^2，其中由上海城投实施综合开发的为 5×10^6 m^2，居住建筑面积毛密度约 60%，水体占用地面积约 8.7%，公共绿地占用地面积约 20% 以上，总居住人口约 6.8 万人。

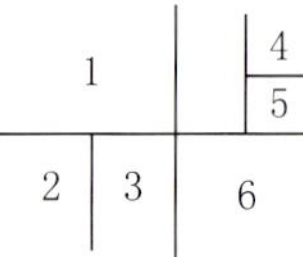

■ 1~3 新江湾城开发的城市公园
■ 4 新江湾城露天剧场
■ 5 新江湾城屋顶花园
■ 6 新江湾城亚洲最大的滑板赛道

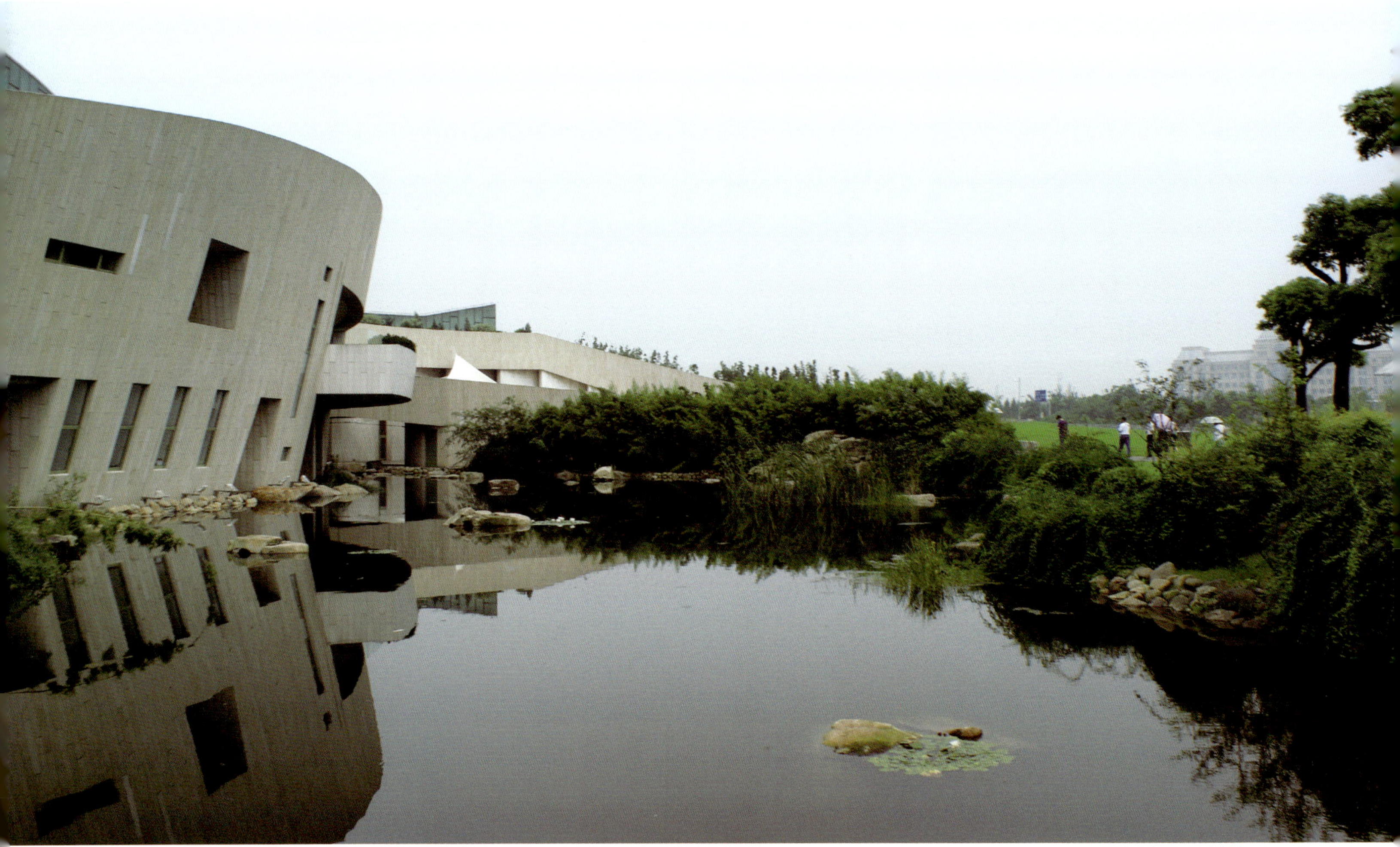

新城以规划为先，策划为重，计划为纲，文化为魂的理念，创办一个现代化示范城区。

新将湾城将建成 21 世纪上海知识型，生态型花园城区。

江湾湿地公园毗邻黄浦江，那里幅员辽阔、河道纵横，拥有上海现存的四种生境：湿地生境、林灌生境、农田生境和城镇生境，是上海中心城区最后一块大面积的处女地。

由于长期以来人类活动相对较少，1994 年后更处于闲置状态，慢慢恢复了自然生态。上海本土的北亚热带植被正在茁壮成长，昆虫、鱼类、两栖、爬行动物、鸟类、小型兽类正在欣然回归。据观察，这里很可能成了上海地区留鸟的栖息地、候鸟的中转站。

怀着对大自然和历史的尊重，在调研的基础上，将新江湾城内唯一一块拥有多样化生境和物种多样性的区域 新江湾城生态保育区，予以保留保护和生态恢复，建立生态教育示范区。

1
2 | 3 | 4

■ 1 新江湾城生态隔离带
■ 2 生态公园里的垂钓者
■ 3/4 生态公园里的小路

生态保育区位于新江湾城的南侧，原为军用机场的弹药库，经多年的封闭和演替已经形成目前有多种动植物的生态大绿岛。五年来，在胡运骅工作室专家们和新江湾城建设者的共同努力下，对“生态保育区”采取了全面生态保育与恢复的技术措施，理性地补植了上海地区地带性植物，营造自然演替生境。

生态保育区是新江湾城生态的起点，通过生态廊道和水系，把生态意象和生态服务功能传入新江湾城的每一个角落，同时连入上海的文脉和地脉。

在上海中心城区钢筋丛林中最后一块面积为100万 m^2 的原生态绿地，这就是江湾湿地。

1 | 2 | 3 / 4

1~4 原生态湿地实景

1 | 2 / 3 / 4

■ 1~4 原生态湿地实景

荣获世界屋顶绿化协会
上海世博立体绿化工程经验交流、表彰会奖项名单

1. 中国馆屋顶花园	荣获世界屋顶花园500佳	提名
	荣获世界屋顶花园杰出设计金奖	提名
	荣获世界屋顶花园施工质量金奖	提名
	荣获世界屋顶绿化杰出人物金奖	提名
2. 新西兰馆屋顶花园	荣获世界屋顶花园最佳设计奖	提名
3. 新加坡馆屋顶花园	荣获世界屋顶花园杰出设计奖	提名
4. 中国香港馆屋顶花园	荣获世界屋顶花园杰出设计奖	提名
5. 卢森堡屋顶葡萄园	荣获世界屋顶花园杰出设计奖	提名
6. 中国宁波滕头馆屋顶花园	荣获世界屋顶花园杰出设计奖	提名
7. 印度馆屋顶绿化	荣获世界屋顶草坪创新技术金奖	提名
	荣获世界屋顶草坪工程质量金奖	提名
8. 瑞士馆屋顶草坪	荣获世界屋顶绿化最佳工程奖	提名
9. 爱尔兰馆屋顶草坪	荣获世界屋顶绿化工程质量奖	提名
10. 墨西哥馆屋顶草坪	荣获世界屋顶绿化杰出设计奖	提名
11. 世博演艺中心屋顶草坪	荣获世界屋顶绿化杰出设计奖	提名
	荣获世界屋顶绿化工程质量奖	提名
12. 伦敦零碳馆屋顶绿化	荣获世界屋顶绿化节能低碳奖	提名
13. 法国馆墙体绿化	荣获世界墙体绿化最佳设计奖	提名
	荣获世界墙体绿化工程质量金奖	提名
14. 主题馆墙体绿化	荣获世界墙体绿化最佳工程金奖	提名
15. 加拿大馆绿墙	荣获世界墙体绿化工程质量奖	提名
16. 法国阿尔萨斯馆绿墙	荣获世界墙体绿化杰出设计奖	提名
	荣获世界墙体绿化工程质量奖	提名

17.	“沪上·生态家”绿墙	荣获世界墙体绿化杰出设计奖	提名
		荣获世界墙体绿化工程质量奖	提名
18.	中国船舶馆绿墙	荣获世界墙体绿化工程质量奖	提名
19.	宝钢大舞台绿墙	荣获世界墙体绿化杰出设计奖	提名
		荣获世界墙体绿化工程质量奖	提名
20.	英国馆立体绿化	荣获世界屋顶绿化杰出设计奖	提名
		荣获世界墙体绿化工程质量奖	提名
21.	世博公园公共建筑立体绿化	荣获世界屋顶绿化杰出设计奖	提名
22.	后滩公园“空中花园”	荣获世界屋顶绿化杰出设计奖	提名
23.	世博活水公园	荣获世界生态修复杰出设计奖	提名
		荣获世界生态修复工程质量奖	提名
24.	索尔容器绿化	荣获世界节水容器创新技术奖	提名
25.	明日春节水花盆	荣获世界节水容器创新技术奖	提名
26.	吴志强	荣获世界生态建设杰出人物金奖	提名
27.	何镜堂	荣获世界生态建设杰出人物金奖	提名
28.	陈　敏	荣获世界生态建设杰出人物金奖	提名
29.	俞孔坚	荣获世界生态建设杰出人物金奖	提名
30.	张　浪	荣获世界生态建设杰出人物金奖	提名
31.	朱祥明	荣获世界生态建设杰出人物金奖	提名

以上奖项将于 2010 年 11 月 28 日北京人民大会堂和 2011 年 3 月 18 日世界屋顶绿化大会上正式颁奖。

图书在版编目（CIP）数据

上海世博立体绿化/ 王仙民 主编.
—武汉：华中科技大学出版社，2011.1
ISBN 978-7-5609-6697-7

Ⅰ.①上… Ⅱ.①王… Ⅲ.①博览会-景观-绿化-上海市-2010 Ⅳ.①TU985.12

中国版本图书馆CIP数据核字(2010)第184086号

上海世博立体绿化

王仙民 主编

出版发行：华中科技大学出版社（中国·武汉）
地　　址：武汉市武昌珞喻路1037号（邮编:430074）
出 版 人：阮海洪
责任编辑：胡中琦
书籍设计：唐　雅
责任监印：秦　英
印　　刷：北京佳信达欣艺术印刷有限公司
开　　本：965 mm×1270 mm　1/16
印　　张：20
字　　数：200千字
版　　次：2011年1月第1版
印　　次：2011年1月第2次印刷
书　　号：ISBN 978-7-5609-6697-7 / TU·985
定　　价：198.00元（USD50.00）

投稿热线：(010)64155588-8013　　cookiey0721@163.com
销售电话：(022)60266193，(010)64155566（兼传真）
邮购电话：(010)64155588-8825
网　　址：www.hustpas.com